U0291841

谷建阳　彭文波 ◎ 编著

Sora AI短视频

技术简史+案例应用+盈利模式

清華大學出版社

北京

内 容 简 介

本书是一本Sora AI短视频通识教程，主要介绍了利用Sora制作AI短视频的技术简史、案例应用与盈利模式。本书赠送了88组案例提示词、146分钟教学视频、155页PPT教学课件（含电子教案）等丰富资源。

全书共分为13章，首先介绍了Sora的创新能力、原理特性、世界通用模型、核心能力、视频亮点及脚本文案等内容，然后介绍了如何打造影视级视频画面、轻松获取提示词文案、获取图片与视频素材、熟知Sora的商业应用等内容，最后介绍了通过Sora的盈利模式，实现财富增长的方法。

本书图片精美丰富，讲解内容深入浅出，适合对AI短视频、AI绘画感兴趣的读者，以及短视频内容创作者或相关行业工作者阅读，本书还可以作为相关视频培训机构、职业院校的参考教材。

图书在版编目(CIP)数据

Sora AI短视频：技术简史+案例应用+盈利模式 /
谷建阳，彭文波编著. -- 北京：清华大学出版社，
2024. 9. -- ISBN 978-7-302-67007-0

Ⅰ. TN948.4-39

中国国家版本馆CIP数据核字第2024V01H76号

责任编辑：张　瑜
封面设计：杨玉兰
责任校对：周剑云
责任印制：刘　菲

出版发行：清华大学出版社
　　　网　　址：https://www.tup.com.cn, https://www.wqxuetang.com
　　　地　　址：北京清华大学学研大厦A座　　邮　　编：100084
　　　社 总 机：010-83470000　　　　　　　邮　　购：010-62786544
　　　投稿与读者服务：010-62776969, c-service@tup.tsinghua.edu.cn
　　　质量反馈：010-62772015, zhiliang@tup.tsinghua.edu.cn
印 装 者：涿州汇美亿浓印刷有限公司
经　　销：全国新华书店
开　　本：170mm×240mm　　印　　张：14.5　　字　　数：278千字
版　　次：2024年9月第1版　　　　　　　印　　次：2024年9月第1次印刷
定　　价：79.80元

产品编号：107054-01

前 言
PREFACE

AI（Artificial Intelligence，人工智能）技术正以前所未有的速度和创新力改变着我们的世界。在当下科技迅速发展的时代，AI 已经成为我们生活中不可或缺的一部分。我国正在构建以 AI 等为代表的新增长引擎，加快发展数字经济，促进数字经济和实体经济的深度融合，以实现中国式现代化，全面推进中华民族伟大复兴。

在这个激动人心的时代，Sora AI 技术作为一项突破性的创新，正引领着 AI 领域的革命性飞跃。

Sora 是 OpenAI 公司在 2024 年 2 月正式发布的一款文本生成视频的大模型，能够根据简单的文本描述生成长达 60 秒的高质量视频，极大地简化了视频创作过程。Sora 的应用范围广泛，包括教育教学、产品演示和内容营销等领域，并且已经有 100 多个视频案例被展示，彰显了 Sora 在实际应用中的强大功能。

Sora 以其独特的技术架构和高效的学习机制，在视频内容生成领域展现出了无与伦比的优势。通过先进的生成式 AI 技术，Sora 能够将文本描述转化为栩栩如生、充满创意的视频内容，极大地丰富了视频创作的手段，为视频制作行业带来了前所未有的便利和效率提升。

本书探讨了短视频行业的发展简史，从文字到图片再到视频的演变，以及短视频平台的商业模式，包括广告盈利、电商盈利、内容打赏等。同时，书中也分析了 Sora 的出现对短视频行业可能带来的影响，包括对影视行业的冲击以及对非专业人士视频内容创作的促进作用。

本书旨在向您介绍 Sora AI 技术的全面指南，深入探讨其技术原理、算法解释和系统架构，帮助您全面了解 Sora 背后的技术奥秘，我们将从 Sora 的技术原理出发，逐步解释其背后的核心算法和系统架构。

通过深入的技术分析和 Sora 案例说明，您将能够全面了解 Sora 是如何理解文本输入并将其转化为动态的、视觉上很震撼的视频内容的。同时，我们还将探讨 Sora 在视频内容生成领域的盈利模式，为您带来新的财富增长机会。

相比市面上的同类书籍，本书具有以下特色。

（1）细致的案例讲解。本书精选了 62 个官方展示的 AI 视频示例，为读者提供了丰富的参考，启发大家如何将 Sora 技术应用于自己的项目或创作中。

（2）全面的 AI 功能。本书精心策划了 13 章共 138 个知识点，全方位、多角度地深入解析了 Sora 这一前沿的 AI 短视频生成模型。

（3）详细的视频教程。本书中的每一节知识点与案例讲解，全部录制了带语音讲解的视频，时间长达 146 分钟，读者可以结合书本观看、学习。

（4）丰富的资源赠送。本书精心准备了超值赠送资源，这些资源包括案例效果＋教学视频＋效果提示词＋PPT 教学课件＋电子教案＋资源链接，这些丰富的资源，让您全方位了解 AI 短视频的魅力。

本书的特别提示如下。

（1）版本更新。本书在编写时，是基于当前各种 AI 工具和网页平台的界面截取的实际操作图片，但本书从编辑到出版需要一段时间，这些工具的功能和界面可能会有所变动，请在阅读时根据书中的思路，举一反三进行学习。

（2）效果文件。本书所展示的示例效果均来源于 Sora 官方发布的演示视频。鉴于 Sora 模型目前尚处于初期研发阶段，它不可避免地存在一些问题，我们深信这些问题都将在后续的版本中逐步得到改进和优化，为我们带来更加出色的创作体验。

（3）提示词的使用。提示词也称为关键词或"咒语"，需要注意的是，即使是相同的提示词，Sora 等 AI 模型每次生成的视频、图像、文案效果也会有一定差别，这是模型基于算法与算力得出的新结果，是正常的，所以大家看到书里的截图与视频有所区别，包括大家用同样的提示词，自己再制作时，出来的效果也会有所差异。

总之，在使用本书进行学习时，或者在扫码观看教程视频时，读者应把更多的精力放在提示词的编写和实操步骤上，要注意实践操作的重要性，只有通过实践操作，才能更好地掌握 Sora 等 AI 模型。

本书写于 2024 年 3 月，此时 Sora 正处于内测阶段，所以本书关于 Sora 具体生成视频的实战内容写得较少，等 Sora 正式发布后，作者会更新下面的资源下载包，请及时重新下载。

读者可以用微信扫一扫下面的二维码，下载资源。

视频教学　　　　提示词、课件、资源链接

本书由谷建阳和武昌理工学院商学院彭文波老师编著，参与编写的人员还有刘嫔等，在此表示感谢。由于作者知识水平有限，书中难免有疏漏之处，恳请广大读者批评、指正。

编　者

目 录
CONTENTS

第1篇 技术简史

第2篇 案例应用

第3篇　盈利模式

第 1 篇
技术简史

第 1 章　10 点知识，快速了解 Sora

学习提示

　　在数字时代的浪潮中，视频内容已成为信息传播和娱乐产业的核心驱动力。随着 AI（Artificial Intelligence，人工智能）技术的飞速发展，视频生成模型正逐渐从概念走向现实，其中 Sora 视频生成模型凭借其强大的技术实力，正引领着这一变革的浪潮。

　　本章围绕 Sora 的相关内容展开介绍，包括 Sora 的概念、特点、优势、用途及影响等，以便读者进一步了解 Sora。

1.1 认识什么是 Sora

　　Sora 是 OpenAI 公司推出的一款高质量的 AI 视频生成模型，引领了 AI 和视频创作领域的革命性飞跃。这款划时代的工具，借助先进的生成式 AI 技术，将文本描述转化为栩栩如生、充满创意的视频内容，如图 1-1 所示。

图 1-1　Sora 模型生成的视频内容

🔊 专家提醒

　　自 Sora 发布以来，科技界为之沸腾，它标志着内容创作的新纪元已然来临。OpenAI 公司通过 Sora 再次展现了其在 AI 领域的强大优势，不断拓展 AI 技术的边界。

　　Sora 以其独特的技术架构和高效的学习机制，在视频内容生成领域展现出了无与伦比的优势。Sora 不仅能够迅速捕捉和学习各种视频风格和特征，还能通过深度学习算法生成高质量、富有创意的视频内容。Sora 的出现，不仅极大丰富了视频创作手段，也为视频制作行业带来了前所未有的便利和效率提升。

　　Sora 的推出不仅是一项技术壮举，更是视频创作方式的一次颠覆性变革，它简化了视频创作流程，使制作高质量视频变得更加容易，让创作者、营销人员和教育工作者能以前所未有的便捷性和灵活性实现创意的落地。

　　Sora 的独到之处在于其核心功能——将文本描述转化为视频内容，这一功能使其从众多视频创作工具中脱颖而出。通过运用先进的 AI 技术，包括自然语言处理和生成算法，Sora 能够理解文本输入并将其呈现为动态的、视觉上很震撼的视频，相关示例如图 1-2 所示。这一功能不仅代表了生成式 AI 技术的巨大创新，还实现了传统视频制作方法难以企及的创意和效率水平。

▷ Sora 案例生成 ◁

步骤 01 输入的提示词：

Several giant wooly mammoths approach treading through a snowy meadow, their long wooly fur lightly blows in the wind as they walk, snow covered trees and dramatic snow capped mountains in the distance, mid afternoon light with wispy clouds and a sun high in the distance creates a warm glow, the low camera view is stunning capturing the large furry mammal with beautiful photography, depth of field.

步骤 02 生成的视频效果：

这是 Sora 生成的一段冬日长毛猛犸象漫步的视频效果。

图 1-2 冬日长毛猛犸象漫步的壮丽景象

中文大意： 几只巨型毛茸茸的猛犸象踏着雪地缓缓前行，它们长长的毛发在微风中轻轻飘动，远处是覆盖着雪的树木和壮丽的雪山，午后的阳光透过薄云洒下了温暖的光芒，低角度的摄像机视角令人惊叹，捕捉到了这些大型动物漫步的壮丽景象，景深感强。

Sora 会尝试捕捉提示词中描述的所有元素，并将其融合在一起，以创造出一个逼真的场景。除了主体的展现外，Sora 还会在背景中描绘出被雪覆盖的树木和白雪皑皑的山脉，以营造出一种宏伟而宁静的氛围。

这段视频描绘了一幅壮观的画面，展现了北方寒冷地区的雪原环境以及猛犸象的恢宏形象，具有多重视觉效果和情感共鸣，整个画面展现出了一种柔和而温暖的光影效果，为画面增添了一抹柔美的色彩，与雪地的明亮形成对比，使画面更加生动。在构图方面，采用了低角度的摄像机视角，捕捉到了猛犸象漫步的壮丽景象，同时通过景深感强的摄影手法，突出了动物主体，增强了画面的立体感和层次感。

从图 1-2 所示的画面中可以看到，无论是视频的真实性、时长、稳定性、连贯性、清晰度，还是对文本内容的深刻理解，Sora 都展现出了卓越的水平。过去，制作这样一段视频可能需要花费大量的时间和精力，从剧本创作到镜头设计，每一个步骤都烦琐而耗时。然而，现在仅需一段简短的文本描述，Sora 便能够轻松生成震撼人心的大场面，这无疑让相关从业者感到震惊和不安。

此外，Sora 的 AI 驱动方法提供了无与伦比的定制性和可扩展性，它能够根据文本描述生成独特且定制化的内容，实现更高程度的个性化，让每一个视频都独一无二。这一独特功能不仅彰显了 Sora 的技术实力，更突显了它在数字时代彻底改变我们创作和消费视频内容方式的巨大潜力。

📢 **专家提醒**

与其他需要手动选择视觉效果、动画和特效的视频创作工具相比，Sora 的自动化特性显著节省了时间，降低了高质量视频制作的门槛，让创作者能够更加专注于故事的叙述，而非烦琐的视频制作技术细节。

1.2　了解 Sora 的 5 个特点

Sora 是一个革命性的 AI 视频生成工具，其功能之强大，足以颠覆传统的视频制作方式。那么，Sora 具体能做什么呢？下面简单介绍 Sora 的功能特点。

❶ Sora 的核心功能是将文本描述转化为生动的视频内容。用户只需通过文字描述自己的创意和想法，Sora 就能够将这些想法迅速转化为具有视觉吸引力和连贯性的视频。不论是复杂的场景构建还是多个角色的互动，甚至是细致入微的动作和背景描绘，Sora 都能够轻松应对，生成令人惊叹的视频作品，相关示例如图 1-3 所示。

▷ Sora 案例生成 ◁

步骤 01 输入的提示词：

An adorable happy otter confidently stands on a surfboard wearing a yellow lifejacket, riding along turquoise tropical waters near lush tropical islands, 3D digital render art style.

步骤 02 生成的视频效果：

这是 Sora 生成的一段水獭站在冲浪板上冲浪的视频效果。

图 1-3　一只可爱的水獭站在冲浪板上

> **中文大意：** 一只可爱的快乐水獭穿着黄色救生衣自信地站在冲浪板上，沿着郁郁葱葱的热带岛屿附近碧绿的热带水域骑行，3D 数字渲染艺术风格。

📢 **专家提醒**

这段视频画面的提示词呈现了一个令人愉快而有趣的场景，以可爱的水獭为主角，通过色彩艳丽的场景和水獭自信的表现，营造了一种轻松、愉悦的氛围。

② Sora 拥有卓越的自然语言理解能力。Sora 不仅能准确解析用户给出的文本提示，更能捕捉到其中的情感色彩和创意精髓，从而生成富含情感表达的视频。无论是欢快的节奏还是悲伤的氛围，Sora 都能够通过精准的角色表情，将情感完美传达。

③ Sora 还具备多镜头生成的能力。这意味着，在一个生成的视频中，Sora 可以巧妙地切换不同的镜头，创造出丰富的视觉体验。同时，它还能够保持角色和视觉风格的一致性，使整个视频作品呈现出高度的统一性和协调性。

④ Sora 可以从静态图像出发，生成动态的视频内容。只需提供一个现有的静态图像，Sora 就能够通过先进的图像处理技术，准确地动画化图像内容，让静态图像焕发出生命的活力。

⑤ Sora 具有视频扩展的功能。无论是想要延长现有视频的时长，还是想要填补视频中的缺失帧，Sora 都能够轻松胜任。Sora 能够通过分析和学习视频内容，生成与原始视频风格和内容相一致的扩展部分，使整个视频作品更加完整和连贯。

1.3 熟知 Sora 和 5 种模型的对比

Sora 通过其长达一分钟的视频生成、高度真实感的视频效果以及对文本描述的理解和执行能力，与其他 AI 视频生成工具相比，展现出了明显的优势和特点。表 1-1 所示为 Sora 和其他模型的能力对比。

通过深入比较 Sora 与其他视频生成模型的能力，可以清晰地揭示出 Sora 的独特优势和创新之处。当其他视频生成模型还在为保持单镜头的稳定性而努力时，Sora 已经实现了多镜头的无缝切换，这种切换不仅流畅自然，而且镜头间对象的连贯性和一致性效果也远胜于其他工具，真正实现了降维打击。

图 1-4 所示为 Sora 生成的视频效果，图 1-5 所示为 Runway 生成的视频效果，这两个视频使用了完全相同的提示词，但 Sora 在视频时长、提示词理解、视频质量、连贯性以及对现实世界物理规律的模拟能力方面均优于 Runway。

表 1-1 Sora 和其他模型的能力对比

能力分类	能　力	Sora	其他模型
底层技术	架构	变换器	U-Net 为主
	驱动方式	数据	图片
对于真实世界的 理解/模拟能力	世界理解能力	可理解世界知识	弱
	数字世界模拟	支持	不支持
	世界交互能力	支持	不支持
	3D 一致性	强	弱
	长期一致性	强	弱
	物体持久性/连续性	强	弱
	自然语言理解能力	强	一般
基于模拟的 视频编辑能力	无缝连接视频	强	弱
	运动控制	提示词	提示词+运动控制工具
	视频到视频编辑	支持	部分
	扩展生成视频	前/后	后
外显视频 基础属性	视频时长	60 秒	2 ～ 17 秒
	原生纵横比	支持	不支持
	清晰度	1080P	最高 4K

📢 专家提醒

U-Net 是一种深度学习网络结构，主要用于图像分割等计算机视觉任务。U-Net 网络结构采用了编码器—解码器（Encoder-Decoder）的设计思想，其中编码器负责提取图像的特征，而解码器则负责根据这些特征进行像素级别的预测。

U-Net 网络结构的特点之一是它采用了跳跃连接（Skip Connection），将编码器的特征图与解码器的特征图进行连接，以便解码器能够利用编码器的低级特征进行更精确的预测。这种跳跃连接的设计使 U-Net 网络能够在保持高级语义特征的同时，不丢失低级细节信息，从而提高了图像分割的精度。

▶ Sora 案例生成 ◀

步骤 01 输入的提示词：

Historical footage of California during the gold rush.

步骤 ② 生成的视频效果：

这是 Sora 生成的一段淘金热期间加利福尼亚州的历史镜头，画面采用了特定的色调和滤镜来模拟 19 世纪淘金热时期的氛围，使用了暗淡的色彩和复古的色调来营造画面的历史感，展现出了当时加利福尼亚的野外景象，包括山脉、小溪、森林等自然景观，以及淘金者在这些景观中劳作的场景。

图 1-4 Sora 生成的视频效果

中文大意：淘金热期间加利福尼亚州的历史镜头。

图 1-5　Runway 生成的视频效果

经过上述的细致对比，可以清晰地看出，Sora 不仅在整体上完全还原了提示词中描述的场景，而且在细节上也做得非常出色，特别是当时的城镇、商店等，充分展示当时社会的面貌和建筑风格，让人仿佛置身于真实世界之中。Sora 通过色调、景观、活动等方面展现出了 19 世纪加利福尼亚淘金热时期的历史场景和人文风貌。

相比之下，Runway 虽然基于 Stable Diffusion 技术，但受限于其模型训练的精度，生成的历史场景在细节上显得较为粗糙，尤其是淘金热期间加利福尼亚州的建筑场景也没有，更没有人们在淘金热期间的相关活动。

表 1-2 所示为主流的视频生成模型对比。通过与其他 5 种视频生成模型的对比，可以更加清晰地认识到 Sora 的独特之处和优势所在。无论是对于专业创作者还是普通用户来说，Sora 都是一个值得考虑和选择的 AI 视频生成工具。

表 1-2　主流的视频生成模型对比

模　型	开发团队	推出时间	是否开源	外显视频基础属性		
				长　度	每秒帧数	分辨率 /PPI
Gen-2	Runway	2023 年 6 月	否	4 ～ 16 秒	24	768×448 1536×896 4096×2160
Pika	PIKA Labs	2023 年 11 月	否	3 ～ 7 秒	8 ～ 24	1280×720 2560×1440
Stable Video Diffusion	Stability AI	2023 年 11 月	是	2 ～ 4 秒	3 ～ 30	576×1024
Emu Video	Meta	2023 年 11 月	否	4 秒	16	512×512
W.A.L.T	谷歌	2023 年 12 月	否	3 秒	8	512×896
Sora	OpenAI	2024 年 2 月	否	60 秒	未知	最高 1080

📢 专家提醒

上述视频生成模型的特点对比如下。

❶ Gen-2 以出色的影视级构图和运镜能力著称，画面清晰度与精美度均达到了最高水平，其最新版本甚至可以生成 4K 画质的视频。

❷ Pika 1.0 以其强大的语义理解能力脱颖而出，但在画面一致性方面还有一定的提升空间。

❸ Stable Video Diffusion 作为第一个基于图像模型 Stable Diffusion 的生成式视频基础模型，它在视频生成领域具有里程碑意义。Stable Diffusion 是一种机器学习模型，该模型能够利用文本描述生成详细的图像，并可以用于图像修复、图像绘制、文本到图像和图像到图像等任务。

❹ Emu Video 在视频生成质量和文本忠实度上表现出色，为用户提供了高质量的视频生成体验。

❺ W.A.L.T 模型采用变换器＋扩散的架构，旨在同时解决计算成本和数据集问题，为视频生成带来了更高效的解决方案。

❻ Sora 模型同样采用变换器＋扩散的架构，且在语义理解能力、复杂场景变化模拟能力以及一致性方面实现了突破性的进展，为用户提供了更加出色的视频生成效果。

1.4 知晓 Sora 的 5 个关键优势

当我们深入了解 Sora 这一视频生成模型时，不难发现其具备的多项核心优势，正是这些优势使 Sora 在视频生成领域脱颖而出，为用户提供了前所未有的视频生成体验。下面简单介绍 Sora 的核心优势。

❶ Sora 以其高效快速的特点，赢得了用户的青睐。相较于传统的视频制作流程，Sora 能够根据用户提供的文字迅速生成视频，大大节省了制作时间和成本。

❷ Sora 的高度定制化特性，为用户提供了更为广阔的创意空间。用户可以根据自己的需求，定制视频的内容和风格等，这使每一个生成的视频都充满了个性化和创意。无论是企业宣传、个人表达还是其他需求，Sora 都能满足用户的个性化需求。

❸ Sora 的自动化程度也非常高。Sora 能够自动完成从文本到视频的转换，减少了人工干预和烦琐的操作。这意味着用户无需具备专业的视频制作技能，也能轻松生成高质量的视频，这一特性使 Sora 更加易于使用和普及。

❹ Sora 生成的视频具有良好的跨平台兼容性。无论是在计算机、手机还是其他设备上，用户都能顺畅地播放 Sora 生成的视频，这种跨平台兼容性为用户提供

了更多的选择和便利。

❺ Sora 的可扩展性也是其独特之处。随着技术的不断进步和应用场景的逐渐拓展，Sora 的功能和应用场景也将不断扩展和完善，这意味着 Sora 的未来充满了无限可能性和潜力。

1.5　掌握 Sora 的 7 个用途和使用范围

Sora 作为 OpenAI 公司推出的创新视频生成工具，为众多领域的应用提供了无限的可能性。无论是在娱乐与媒体、教育与培训、广告与营销、游戏开发、虚拟现实与增强现实，还是在艺术与文化创作，甚至是在个人创作与分享领域，Sora 都展现了其独特的魅力和巨大的潜力，相关介绍如下。

❶ 娱乐与媒体领域。Sora 以其出色的技术，为电影、电视节目和动画片注入了丰富的视觉效果和引人入胜的故事情节，极大地提升了作品的观赏性和吸引力，相关示例如图 1-6 所示。通过利用 Sora，制作团队能够迅速生成高质量的视频内容，显著缩短了生产周期并降低了成本。同时，Sora 也为社交媒体平台上的内容创作者提供了有力的支持，他们可以通过 Sora 轻松制作出生动、有趣的视频，从而增加在平台上的曝光度，吸引更多的关注和互动。

▶ Sora 案例生成 ◀

步骤 01 输入的提示词：

A cartoon kangaroo disco dances.

步骤 02 生成的视频效果：

这是 Sora 生成的一段袋鼠在舞台上跳舞的视频效果。

图 1-6　袋鼠在舞台上跳起了舞蹈

图1-6 袋鼠在舞台上跳起了舞蹈（续）

中文大意：卡通形象的袋鼠跳起了迪斯科舞蹈。

❷ 教育和培训领域。Sora所创造出的沉浸式和互动式学习环境，极大地激发了学生的学习兴趣和积极性，使教学质量和个性化程度得到了显著提升。教师可以利用Sora快速生成生动、直观的教学视频，为学生提供更加有趣和高效的学习材料。此外，Sora还可以被广泛应用于培训材料的制作中，为学生提供更加便捷、高效的学习体验。

❸ 广告与营销领域。企业可以利用Sora自动生成宣传或产品展示视频，提升品牌知名度和市场竞争力。Sora的快速原型制作功能使营销团队能够迅速制作出创意十足的广告内容，吸引更多目标受众。同时，Sora还能够通过生动、详细的视频展示产品的功能、使用场景和优势，帮助企业从市场中脱颖而出。

❹ 虚拟现实与增强现实领域。Sora以其独特的技术优势为虚拟现实（Virtual Reality，VR）和增强现实（Augmented Reality，AR）应用提供了丰富的动态内容支持。通过整合先进的图像处理技术和创新算法，Sora能够生成高质量、逼真的虚拟场景和物体，为用户带来前所未有的沉浸式体验。无论是探索遥远的星球、漫步于古代的城市，还是与虚拟角色进行互动，Sora都能为用户带来身临其境的感受。

❺ 游戏开发领域。游戏开发者可以利用Sora制作游戏中的角色动画和场景效果，为游戏增添更高的交互性和趣味性。Sora的创意应用为游戏开发带来了新的可能性和挑战，推动了游戏行业的创新和发展。

❻ 艺术与文化创作领域。艺术家和文化创作者可以利用Sora创作出富有创意和表现力的视频艺术作品，从而推动数字艺术的发展和创新。无论是制作短片、音乐还是数字绘画，Sora都能为创作者提供强大的技术支持。Sora这种数字艺术的创作方式，不仅拓宽了艺术家的创作空间，还为观众带来了全新的艺术体验。

❼ 个人创作与分享领域。Sora为个人用户提供了便捷的工具。个人用户可以利用Sora进行创意视频制作并分享到社交媒体平台，展示自己的才华和创意，与他人分享自己的作品和想法。

1.6　发现文生视频模型 4 个火爆的原因

在 Sora 之前，市场上已经涌现出一批文生视频的平台和工具，其中 Pika 和 Runway 两家公司在 2023 年就已经推出了自己的文生视频模型。图 1-7 所示为 Pika 官方网站页面。然而，这些早期的模型所生成的视频，其主体往往只能进行缓慢的移动，且时长相对较短。下面讲解文生视频模型 4 个火爆的原因。

❶ Pika 作为一款文生视频平台，其功能远不止于此，除了基础的文生视频功能，即根据文本描述自动生成相应的视频内容外，Pika 还具备图生视频和视频生视频等多样化功能，如图 1-8 所示。

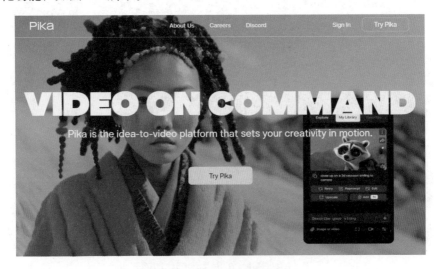

图 1-7　Pika 官方网站页面

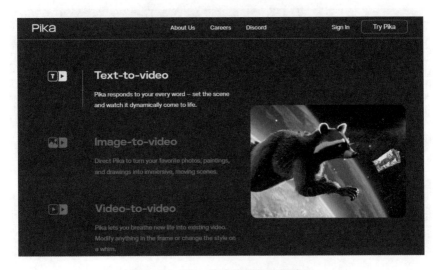

图 1-8　Pika 的文生视频功能演示

❷ 图生视频功能允许用户上传一张或多张图片，然后 Pika 根据这些图片中的内容，结合先进的图像处理和机器学习技术，自动生成一段连贯的视频，如图 1-9 所示。这为用户提供了一个全新的创作方式，使他们能够将静态的图片转化为动态的视频，进一步丰富了视觉体验。

❸ 视频生视频功能是 Pika 的另一个创新点，该功能允许用户上传一段已有的视频，然后 Pika 对这段视频进行深度分析，理解其中的内容、动作和场景等元素及其含义，基于这些信息生成全新的视频，如图 1-10 所示。视频生视频功能在视频编辑、内容创作和个性化推荐等领域有着广泛的应用前景。

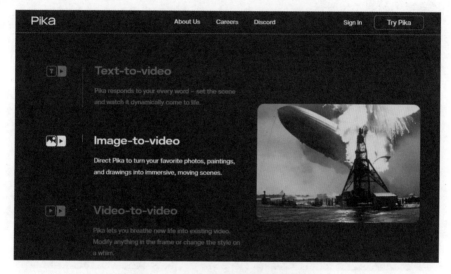

图 1-9　Pika 的图生视频功能演示

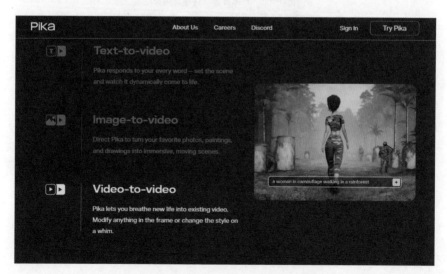

图 1-10　Pika 的视频生视频功能演示

❹ Pika 还提供了丰富的编辑工具和特效库，用户可以根据自己的需求对生成的视频做进一步的编辑和美化，还可以修改视频的局部区域，如图 1-11 所示，Pika 使用户能够轻松打造出专业级的视频作品。

然而，尽管 Pika 已经具备了如此丰富的功能，但在 OpenAI 公司推出的 Sora 面前，其表现仍然显得有所不足。OpenAI 公司推出的 Sora 文生视频模型则展现出了更高的技术水平，其生成的视频不仅时长更长，而且主体运动更为流畅、逼真，仿佛赋予了视频主角以生命，相关示例如图 1-12 所示。这也进一步证明了 AI 技术的不断发展和创新，将为我们带来更多令人惊叹的应用和体验。

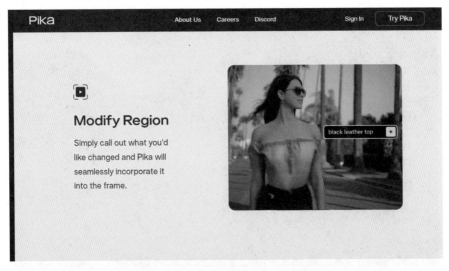

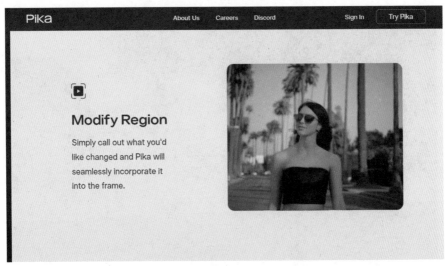

图 1-11　Pika 的视频编辑功能（修改区域）演示

▷ Sora 案例生成 ◁

步骤 01 输入的提示词：

An old man wearing blue jeans and a white T-shirt taking a pleasant stroll in Johannesburg South Africa during a beautiful sunset.

步骤 02 生成的视频效果：

这是 Sora 生成的一段老人在夕阳下散步的视频效果。

图 1-12　一个老人在夕阳下愉快地散步

中文大意：在一个傍晚美丽的夕阳下，一位身穿蓝色牛仔裤和白色 T 恤的老人，在南非约翰内斯堡愉快地散步。

从图 1-12 中可以看到，Sora 能够生成一个画面细腻、动态自然、背景丰富的视频，展现出在南非约翰内斯堡美丽的夕阳下，一名穿着蓝色牛仔裤和白色 T 恤的老人在小路上散步的场景。视频画面不仅富有生活气息，而且场景感非常强烈，能够给观众带来身临其境的感觉。

尽管这些对比都是基于 Sora 官方给出的示范效果进行的，但 OpenAI 公司作为一家在 AI 领域具有深厚积累的公司，其推出的产品和技术通常都备受关注。因此，有理由相信 Sora 在文生视频领域的表现确实达到了一个新的高度。

1.7　理解 Sora 给各行业带来的 3 个影响

Sora 的发布引起了全球范围内的广泛关注，人们纷纷惊叹于 AI 技术的飞速发展，而各大行业的精英人士和专家也纷纷发表了自己的看法。

在 Sora 发布后的数小时内，科技巨头埃隆·里夫·马斯克（Elon Reeve Musk）在社交媒体上回应了 gg（gg 是网络游戏用语 good games 的缩写，代指打得好，我认输的意思）humans（人类）的评论，他的意思是"人类输了"，他认为通过 AI 增强的人类将在未来几年创造出最好的作品，这一观点进一步证明了 Sora 在 AI 领域的极高地位以及其巨大的创作潜力。

甚至有专家预测，Sora 的出现可能意味着通用人工智能（Artificial General Intelligence，AGI）的实现时间将从 10 年缩短到 1 年。Sora 的技术特点在于它能够准确呈现视频细节，理解物体在现实世界中的存在状态，并生成具有丰富情感的角色，相关示例如图 1-13 所示。这是因为 Sora 学习大量视频，对世界的理解远远超过文字学习。这一发展趋势预示着，未来的 AI 将能够更深入地理解人类世界，从而推动各个领域的创新和发展。

▶ Sora 案例生成 ◀

步骤 01 输入的提示词：

A woman wearing a green dress and a sun hat, taking a pleasant stroll in Antarctica during a colorful festival.

步骤 02 生成的视频效果：

这是 Sora 生成的一个女人在南极洲愉快地漫步的视频效果。

图1-13 一个女人在南极洲愉快地漫步

中文大意：一个穿着绿色连衣裙、戴着太阳帽的女人，在南极洲的节日中愉快地漫步。

从图1-13中可以看到，Sora在生成视频时，能够精确地还原和展现细微的视觉元素，无论是场景的背景、物体的纹理还是角色的动作，Sora都能以高度的真实感和清晰度来呈现。同时，Sora能够识别并理解物体在现实世界中是如何存在、如何与其他物体交互的，这种理解能力使它生成的视频更自然、流畅，更符合现实世界的逻辑。

然而，对于 Sora 的应用前景，也有业内人士持谨慎态度。他们认为，虽然 Sora 在技术上取得了突破，但要真正改变行业生态，还需要考虑行业规律和技术迭代的平衡。此外，生成式视频的信息量不如真实拍摄大，因此在对细节敏感的领域，如社交平台建设等，Sora 的应用可能还有一定局限性。总之，Sora 的发布不仅是一个技术里程碑，更是一个行业风向标，它象征着生成式 AI 大模型的热度与关注度将持续升温，并将为未来的科技产业带来更加深远的影响和变革。

无论你是否愿意承认，Sora 等 AI 技术正在与我们逐渐建立起更加紧密的联系。它们不仅改变了人们的工作方式，更在某种程度上重塑了人们的生活方式。只有积极拥抱这些变化，才能在这个日新月异的时代中保持竞争力。下面简单分析 Sora 给我们带来的影响。

❶ AI 改变工作和生活方式。AI 正在深刻改变着人们的工作和生活方式。许多传统行业和岗位正在逐渐被 AI 所取代，如程序员的大量复制粘贴工作现在可由 ChatGPT 轻松完成，且生成的代码更加规范。同样，曾经需要庞大团队完成的任务，现在可能只需少数几人就能完成。

❷ 技术变革的双刃剑效应。一方面，我们期待着新技术如 Sora 带来的应用前景和便利；另一方面，也有人担忧这些技术可能会抢走传统职业的饭碗，这种担忧并非无的放矢，因为技术的快速发展确实会对某些行业产生影响。其中，影视行业的从业者可能是最容易受到影响的群体之一。

图 1-14 所示为使用 Sora 生成的科幻电影片段。随着 Sora 的出现，它能够自动或半自动地生成视频，这可能会减少传统视频制作和编辑职位的需求。同时，对于影视行业的从业者来说，他们需要不断提升自己的技能和能力，以适应这一变革。

▸ Sora 案例生成 ◂

步骤 01 输入的提示词：

A close up view of a glass sphere that has a zen garden within it. There is a small dwarf in the sphere who is raking the zen garden and creating patterns in the sand.

步骤 02 生成的视频效果：

这是 Sora 生成的一段玻璃球体里的小矮人的视频效果。

图1-14 玻璃球体里的小矮人

中文大意：一个玻璃球体的特写，里面有一个禅意花园。球体里有一个小矮人，他正在用耙子整理禅园中的沙子，并在沙子上创造图案。

❸ 失业潮未必会发生。虽然Sora等新技术可能会对传统职业造成一定冲击，但并不意味着一定会引发失业潮。相反，随着技术的普及和应用，它可能会催生新的职业岗位和就业机会。此外，人类的创造力和智慧是技术无法替代的，因此我们应该积极面对技术变革带来的机遇和挑战，努力提升自己的能力和素质，以适应未来社会的发展需求。

1.8 领悟Sora给AI行业带来的3个进步

我们与Sora有何关系？这是许多人在2023年面对生成式大模型（如ChatGPT）的崛起时所思考的问题。随着文生图等技术的日益成熟，文生视频已崭露头角，成为多模态大模型发展的下一个重要方向。展望未来，行业专家普遍认为，

2024 年大模型领域的竞争将更加激烈，而多模态大模型将引领生成式 AI 的新潮流，推动整个 AI 行业的进步，具体表现在以下 3 个方面。

❶ AI 文生视频技术推动短剧市场变革。AI 文生视频作为多模态应用的下一个重要领域，其根据文字提示直接生成视频的能力，预示着短视频市场即将迎来重大变革。这一技术有望显著降低短视频制作成本，从而解决"重制作而轻创作"的问题，使短视频制作的重心回归到高质量的剧本创作上。

❷ 多模态大模型算法突破对科技产业的影响和改变。多模态大模型算法的突破将为自动驾驶、机器人等技术带来革命性的进步，同时生成式 AI 对科技产业将产生长期影响，建议大家多关注算力、算法、数据、应用等环节的龙头企业。

❸ 多模态在 AI 商业应用中的重要作用和潜力。多模态是 AI 商业应用的重要起点，有望为企业带来真正的降本增效效果。企业可以利用节省下来的成本提升产品、服务质量或进行技术创新，从而推动生产力的进一步提升。此外，多模态的发展还可能催生新的、更广阔的用户生成内容平台，为整个行业带来更大的发展空间。

1.9 面对 Sora 到来的 6 个应对方法

面对 Sora 的崛起，我们应积极适应并善加利用，以开放、审慎和批判性的态度来应对。在充分利用 Sora 带来的机遇的同时，也要关注其可能带来的风险和挑战，并努力寻求平衡和可持续发展的道路，相关方法如下。

❶ 明确使用界限。我们应遵循科技伦理规范，不利用 Sora 进行不道德或欺诈性行为。虽然中华人民共和国科学技术部监督司印发的《负责任研究行为规范指引（2023）》并未直接禁止使用 Sora 等生成式 AI 模型，但强调了科研伦理的重要性。这意味着，我们不能利用 Sora 等 AI 模型进行不道德或欺诈性行为，如直接生成申报材料或将其列为成果共同完成人。

❷ 利用 Sora 开阔视野、促进学习效果。通过 AI 大模型，我们能够轻松获取各个领域的知识，打破曾经的信息壁垒。现在，学习已经变得前所未有的容易，只要我们有意愿，就能随时随地进行学习。图 1-15 所示为 AI 大模型 ChatGPT 的使用示例，可以让它扮演老师来传授相关方面的知识。

❸ 转变观念和思维方式。我们要与时俱进地调整工作、教育和终身学习观念，以适应 AI 时代的需求。无论是工作观念、对孩子的教育观念，还是自己的终身学习观念，都需要与时俱进。在 AI 快速发展的今天，我们应教会孩子学习方法，让他们学会适应社会变化，更要培养他们在未知的未来中迎接挑战的能力。

❹ 保持审慎态度。避免盲目崇拜和过度依赖 AI，保持对其的理性和客观认识。虽然 Sora 等 AI 大模型为我们带来了前所未有的便利和机遇，但我们也必须认识到它们并不是万能的。在追求科技进步的同时，仍须保持对 AI 的理性和客观认识，避免盲目崇拜和过度依赖。

⑤ **ChatGPT**

人工智能（AI）有许多应用领域，主要包括但不限于以下几个方面：

1. **医疗健康**：AI在医疗诊断、治疗计划、药物研发、个性化医疗等方面发挥重要作用。比如通过深度学习分析医学影像，辅助诊断疾病。
2. **自动驾驶**：AI技术使得汽车能够实现自动驾驶，通过分析环境数据来做出行驶决策。
3. **金融服务**：在风险评估、交易、个人理财等领域，AI帮助提高决策质量和效率。
4. **制造业**：AI在生产流程优化、质量控制、设备维护预测等方面应用广泛。
5. **零售业**：利用AI进行库存管理、个性化推荐、顾客行为分析等。
6. **语言处理**：在翻译、语音识别、自然语言理解等方面，AI技术已取得显著成就。
7. **教育**：AI可以提供个性化学习体验，辅助教师制定教学计划。
8. **游戏**：在游戏设计、玩家行为分析、实时交互等方面，AI技术也在不断发展。
9. **安全**：AI在网络安全、公共安全等领域用于威胁检测和响应。
10. **艺术和创意产业**：AI在音乐创作、图形设计、内容生成等方面也有应用。

图 1-15　AI 大模型 ChatGPT 的使用示例

⑤ 关注风险和挑战。我们应该关注 AI 可能带来的风险和挑战。例如，数据隐私和安全问题、AI 的决策透明度和公平性等问题都需要我们深入思考和解决。因此，在利用 Sora 等 AI 大模型的同时，也应该加强对其的监管和规范，确保其发展符合社会的公共利益和伦理原则。

⑥ 培养批判性思维能力。我们应该注重培养自己的批判性思维能力，在面对 AI 生成的信息和知识时，我们应该保持独立思考和判断能力，不盲目接受和传播未经证实的信息。同时，我们也应该学会识别和评估 AI 生成结果的可靠性和准确性，以便更好地利用它们来指导我们的决策和行动。

1.10　抓住 Sora 风口的 6 个准备工作

在 AI 领域的热潮中，Sora 模型成为众人瞩目的焦点。面对 Sora 这样的文生视频模型带来的技术革新，普通人又该如何把握其带来的机遇呢？首先，我们得承认 Sora 模型所带来的影响，它生成的视频效果让人惊叹不已。这里为大家展示一段 Sora 的视频生成提示词，以激发我们的想象力，相关示例如图 1-16 所示。

▷ Sora 案例生成 ◁

步骤 ⑴ 输入的提示词：

Aerial view of Santorini during the blue hour, showcasing the stunning architecture of white Cycladic buildings with blue domes. The caldera views are breathtaking, and the lighting creates a beautiful, serene atmosphere.

步骤 02 生成的视频效果：

这是 Sora 生成的一段圣托里尼岛的鸟瞰视频效果。

图 1-16　圣托里尼岛的鸟瞰视频

中文大意：蓝色时刻圣托里尼岛的鸟瞰图，展示了带有蓝色圆顶的白色基克拉迪建筑的令人惊叹的建筑风格。火山口的景色令人叹为观止，灯光营造出了美丽、宁静的氛围。

这段视频展示了带有蓝色圆顶的白色基克拉迪建筑的建筑风格，营造出了美丽、宁静的氛围。即使没有看过这段视频，这段提示词描述的场景也足以让我们脑海中浮现出一个带有蓝色圆顶的白色基克拉迪建筑的画面。而如果我们只是简单地写下"蓝色时刻圣托里尼岛的鸟瞰图"，那么生成的视频效果可能会大打折扣。

从本示例的视频中可以看到，Sora 展现出的画质和流畅度，让人不禁感叹："这真的是 AI 做的吗？"是的，这确实是 AI 技术的力量。然而，对于普通人来说，AI 技术的神秘和高深莫测往往伴随着一种期待和焦虑。期待的是能够借助 AI 技术为自己的业务带来质的飞跃，焦虑的是不知道如何融入这场技术革命。

面对这样的焦虑，首先要冷静下来。AI 技术虽然强大，但它始终是一个工具，真正能够创造价值的是我们对业务的深入理解。因此，普通人在开始使用 AI 视频时，不必盲目跟风，而是要结合自己的业务，思考 AI 技术如何为自己的业务带来增值。另外，还要明确一点，目前 OpenAI 公司只是发布了演示视频和一篇研究论文，Sora 真正的技术应用还未全面开放，所以我们需要保持冷静和理性。

Sora之所以如此惊艳，并不是因为它从零开始原创了一个模型，而是站在了OpenAI公司其他成功产品的肩膀上，借鉴了如ChatGPT等大语言模型的思路和OpenAI公司内部的成功经验，同时还付出了巨大的模型训练成本，这也是其他公司难以复制Sora的原因之一。对于普通人来说，想要把握住Sora带来的机遇，可以提前做好以下几点准备。

❶ 关注技术动态。时刻关注AI领域的技术发展，了解最新的技术动态和趋势，特别是与视频生成相关的技术。这样，当新的技术出现时，就能够迅速发现其背后的价值和意义，以便在机会来临时迅速把握住。

❷ 结合业务思考。将AI技术与自己的业务相结合，思考如何利用AI技术解决业务中的痛点，提升工作效率和质量。在AI浪潮中，不要盲目跟风，而是要根据自己的实际情况和需求，做出最适合自己的选择。

❸ 深入学习内容创作。虽然AI技术能够高效快捷地生成视频内容，但内容的本质仍然需要人来把握。因此，需要深入学习内容创作的底层逻辑，理解如何让作品吸引更多观众、更好地传递价值，这是用好AI技术的前提。

❹ 培养创新思维。AI技术的发展为内容创作带来了无限的可能性，普通人可以发挥自己的想象力，结合AI技术创作出更具创意和个性化的视频内容。

❺ 建立自己的素材库。为了丰富自己的创作灵感和提高视频制作能力，应该积极建立自己的素材库。一个有效的方法是多观看一些经典电影或剧集，并从中选择精彩的片段或画面进行截屏或保存。这样，就可以逐渐积累起一个丰富多样的素材库，更加得心应手地创作出富有创意和吸引力的视频作品。

❻ 提升视频制作技能。如果你有余力，学习一些视频剪辑和构图的入门技巧将是非常有益的。掌握基础的摄影摄像知识，并熟悉一些视频剪辑软件的操作，将使你能够更自如地指导AI生成视频，这些技能不仅有助于提升视频质量，还能让你在创作过程中更加游刃有余。

总之，面对Sora这样的技术革新，普通人既要有期待和热情，也要保持冷静和理性。可以通过关注技术动态、结合业务思考和培养创新思维等，提前做好准备，抓住这一技术革新的机遇。

本章小结

本章主要介绍了Sora的相关基础知识，包括Sora的基本概念、特点、与其他模型的对比、关键优势、用途和使用范围等，并对Sora给各行业带来的影响与进步进行了详细讲解，最后介绍了面对Sora到来的6个应对方法，帮助大家面对Sora带来的机遇，提前做好相关的准备工作。

课后习题

鉴于本章知识的重要性，为了让大家能够更好地掌握所学知识，下面将通过课后习题进行简单的知识回顾和补充。

（1）请根据你的理解，对 Sora 的概念和特点进行相关讲解。

（2）请对 Sora 的关键优势进行简单概括。

课后习题 1   课后习题 2

第 2 章 13 个要点，掌握 Sora 创新能力

学习提示

　　随着数字化时代的到来，视频已成为人们获取信息和娱乐的重要方式。然而，高效的视频生成技术一直是业界的挑战和追求。在这一背景下，Sora 的出现为我们提供了一种全新的解决方案。那么，Sora 究竟是如何生成视频的？本章将深入解析 Sora 的创新能力，揭示其高效生成视频的秘密。

2.1 生成长达 60 秒的超长视频

利用 Sora 可以生成长达 60 秒的超长视频，为视频制作带来了许多新的可能性和更多的选择，通过这种技术制作的视频特点主要体现在以下几个方面，如图 2-1 所示。

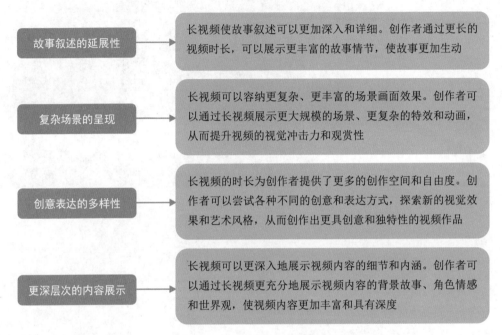

图 2-1 Sora 生成的视频特点

综上所述，Sora 生成长达 60 秒的超长视频为创作者提供了更广阔的创作空间和更丰富的创作选择，助力他们创作出更具吸引力的视频，相关示例如图 2-2 所示。

▷ Sora 案例生成 ◁

步骤 01 输入的提示词：

A stylish woman walks down a Tokyo street filled with warm glowing neon and animated city signage. She wears a black leather jacket, a long red dress, and black boots, and carries a black purse. She wears sunglasses and red lipstick. She walks confidently and casually. The street is damp and reflective, creating a mirror effect of the colorful lights. Many pedestrians walk about.

步骤 02 生成的视频效果：

这是 Sora 生成的一段时尚女士穿过东京街道的视频效果，视频时长达 59 秒。

图 2-2　时尚女士穿过东京街道视频

　　中文大意：一位时尚的女士穿过东京街道，街道上温暖的霓虹灯和动态城市标志闪烁着。她穿着一件黑色皮夹克，一条长长的红色连衣裙，黑色靴子，手提一只黑色的手袋。她戴着墨镜，涂着红色的口红，自信而悠闲地走着。街道潮湿而反光，形成了色彩灯光的镜面效果。许多行人来来往往。

　　通过欣赏上面这段 AI 视频，可以得到以下几点感受。

　　❶ 场景充满时尚和现代感，通过强烈的色彩对比和环境细节的描绘，创造出了一种电影般的视觉效果。

　　❷ 街道上温暖的霓虹灯和动态城市标志色彩饱和度高、变化频繁，这种光影效果给画面增添了许多动感和活力。

　　❸ 视频画面的播放十分流畅，女主角自信而悠闲地走着，个性化的服装增强了她的个人魅力和气场，使画面更加生动。

❹ 看到这样的视频画面，会让人有一种错觉，就是不相信这些视频画面是由 AI 生成的，以为这是一段实拍的真实画面。

2.2 生成的视频具有丰富的细节

Sora 能够生成高质量的视频内容，包括丰富的细节、逼真的场景和人物，以及自然、流畅的动作和过渡效果，这在视频生成领域是一项重大创新。

Sora 实现高质量的视频生成主要依靠深度学习技术、生成式对抗网络（Generative Adversarial Network，GAN）技术以及循环神经网络技术，这些技术的结合使 Sora 能够生成具有逼真感和高质量的视频内容，为用户提供了全新的视频创作体验，相关示例如图 2-3 所示。

▶ Sora 案例生成 ◀

步骤 01 输入的提示词：

The Glenfinnan Viaduct is a historic railway bridge in Scotland, UK, that crosses over the west highland line between the towns of Mallaig and Fort William. It is a stunning sight as a steam train leaves the bridge, traveling over the arch-covered viaduct. The landscape is dotted with lush greenery and rocky mountains, creating a picturesque backdrop for the train journey. The sky is blue and the sun is shining, making for a beautiful day to explore this majestic spot.

步骤 02 生成的视频效果：

这是 Sora 生成的一段蒸汽火车行驶在高架桥上的视频效果。

图 2-3 蒸汽火车行驶在高架桥上的视频

图 2-3　蒸汽火车行驶在高架桥上的视频（续）

中文大意：格伦芬南高架桥是英国苏格兰的一座历史悠久的铁路桥，横跨马莱格镇和威廉堡镇之间的西高地线。当一列蒸汽火车离开大桥，在拱形高架桥上行驶时，这是一个令人惊叹的景象。风景中点缀着郁郁葱葱的绿色植物和岩石山脉，为火车之旅创造了风景如画的背景。天空湛蓝，阳光灿烂，这是探索这一雄伟景点的美好一天。

下面对 Sora 生成的这段视频效果进行相关分析。

❶ 景点特色。视频画面展现了格伦芬南高架桥的独特之处，特别是蒸汽火车在高架桥上驶过的场景，这种效果在视觉上非常引人注目，吸引着观众的注意力。

❷ 自然环境。画面中的背景呈现了苏格兰典型的自然风光，包括郁郁葱葱的绿地和崎岖的山脉，这些元素共同构成了一幅宜人的自然画卷，为视频增色不少。

❸ 天气状况。描述中提到天空湛蓝、阳光灿烂，这一点也在画面中得到了体现，良好的天气为整个场景提供了明亮的光线，使画面更加清晰、生动。

❹ 火车运行。视频中的蒸汽火车在高架桥上行驶，展示了其独特的设计和工艺，同时也传达了城市的历史感，蒸汽火车的行驶为整个画面注入了动感，吸引了观众的视线。

总体而言，视频通过格伦芬南高架桥的独特场景、自然环境以及蒸汽火车的行驶，成功地呈现出了一幅美丽而宏伟的画面，视频效果具有丰富的细节与逼真感，让观众能够感受到苏格兰乡村的迷人之处。

2.3　具有准确理解自然语言的能力

Sora 拥有深入的语言理解能力，它能够准确理解用户提供的语言提示，并根据这些提示生成具有丰富情感的角色，这个功能的实现主要基于自然语言理解（Natural

Language Understanding，NLU）和深度学习技术，以及应用了DALL·E 3 中引入的重新字幕技术到视频。

Sora 可以分析和理解提示词中的语义、情感和意图，从而准确把握用户的需求和要求。下面分析 Sora 在生成角色方面对自然语言的理解，如图 2-4 所示。

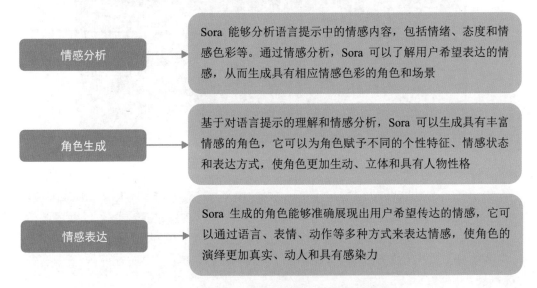

图 2-4　Sora 在生成角色方面对自然语言的理解

2.4　具有较高的图像和视频分辨率

Sora 可以生成高分辨率的图像与视频效果，图像分辨率可以达到 2048×2048 像素，具有更高的分辨率和更大的像素密度。这种图像效果适用于多种应用场景，包括印刷、数字艺术、网络图片等，能够呈现出更多的细节和更高的图像质量。

视频分辨率可以达到 1920×1080 或 1080×1920 像素，分别对应着横向和纵向的高清视频。这对于视频创作非常重要，因为高分辨率的视频可以提供更清晰、更细腻的画面细节，从而提升用户的观看体验。这种视频适用于多种播放场景，如电视机、计算机屏幕、移动设备等，能够提供良好的观看体验，相关分析如图 2-5 所示。

📢 专家提醒

值得一提的是，Sora 不仅在视频格式的多样性上表现出色，更在内容生成流程上实现了简化。Sora 允许用户在较低分辨率下快速显示原型内容，以便进行初步预览和调试。一旦确认无误，用户可以直接在 Sora 的全分辨率模式下进行最终生成。这一特点不仅提高了内容创作的灵活性和效率，还大大简化了视频内容的生成流程，为用户带来了前所未有的便捷体验。

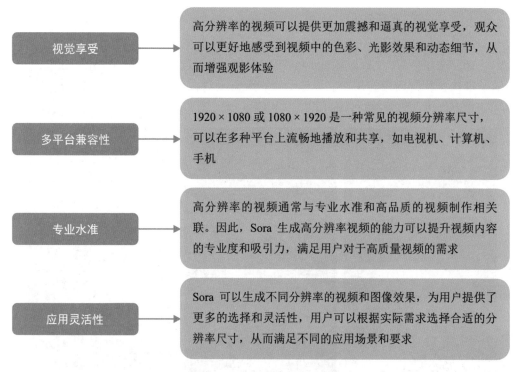

视觉享受	➤	高分辨率的视频可以提供更加震撼和逼真的视觉享受，观众可以更好地感受到视频中的色彩、光影效果和动态细节，从而增强观影体验
多平台兼容性	➤	1920×1080 或 1080×1920 是一种常见的视频分辨率尺寸，可以在多种平台上流畅地播放和共享，如电视机、计算机、手机
专业水准	➤	高分辨率的视频通常与专业水准和高品质的视频制作相关联。因此，Sora 生成高分辨率视频的能力可以提升视频内容的专业度和吸引力，满足用户对于高质量视频的需求
应用灵活性	➤	Sora 可以生成不同分辨率的视频和图像效果，为用户提供了更多的选择和灵活性，用户可以根据实际需求选择合适的分辨率尺寸，从而满足不同的应用场景和要求

图 2-5 关于分辨率的相关分析

2.5 具有灵活的视频采样能力

　　Sora 模型在视频生成方面具有灵活的采样能力，可以生成不同宽高比的视频，包括竖屏 9∶16、正方形 1∶1 以及宽屏 16∶9 这 3 种不同的视频尺寸，以及介于两者之间的所有尺寸，完美展现了 Sora 模型灵活的视频采样能力。

　　Sora 的视频采样灵活性得益于其强大的技术实力和算法优化，它能够自动适应不同视频格式的采样需求，无需手动调整参数或转换格式，从而大大简化了视频内容生成的流程。此外，Sora 还采用了高效的计算架构和数据处理方式，确保在采样过程中不会损失任何图像像素或细节。这些技术特点使 Sora 在视频生成领域具有极高的竞争力和市场价值，相关示例如图 2-6 所示。

▷ Sora 案例生成 ◁

步骤 01 输入的提示词：

A turtle happily swims around in the water.

步骤 ⑫ 生成的视频效果：

这是 Sora 使用同一提示词生成的 3 段不同尺寸的视频效果，分别为竖屏 9：16、正方形 1：1 以及宽屏 16：9 的视频效果。选择哪种视频尺寸，通常取决于视频内容的用途、目标受众和观看平台。在移动设备上，竖屏和正方形可能更为流行，而在电视和电影领域，宽屏更为常见。

竖屏 9：16 的视频效果

正方形 1：1 的视频效果

图 2-6　3 段不同尺寸的视频效果

宽屏 16：9 的视频效果

图2-6 3 段不同尺寸的视频效果（续）

中文大意： 一只乌龟在水里愉快地游来游去。

2.6 精进的画面构图和布局

　　Sora 团队研究发现，在原始横纵比的视频上进行训练，可以提高画面的构图和组合效果。他们将 Sora 与其他模型进行了比较，该模型将所有的训练视频素材都裁剪为正方形，这是训练图像或视频生成模型时的常见做法。结果发现，训练素材被裁剪成正方形的模型有时会生成只显示部分主体的视频。

　　相比之下，Sora 生成的视频在构图方面有所改进。通过对比可以看出，Sora 在视频生成方面的优势不仅在于其强大的技术实力和算法优化，更在于其对原始视频横纵比的充分利用和考虑。这种考虑使 Sora 在生成视频时，能够更好地保留原始视频的画面构图，从而让用户获得更加真实、生动的观看体验，相关示例如图 2-7 所示。

▷ Sora 案例生成 ◁

步骤 01 输入的提示词：

A video footage of a person diving underwater.

步骤 02 生成的视频效果：

　　这是 Sora 生成的一段人物在海底进行潜水的视频效果，左图是训练素材被裁剪成正方形的模型生成的效果，仅展示了部分主体内容；右图是 Sora 生成的视频效果，在取景和构图方面效果更好。

图 2-7 一个人在海底进行潜水视频

中文大意：一个人在海底进行潜水的视频画面。

2.7 保持视频画面的 3D 一致性

在 Sora 团队深入研究视频模型的过程中，一个引人注目的现象逐渐浮现出来：当进行大规模训练时，这些模型展现出了许多令人惊叹的"涌现"能力。这些"涌现"能力不仅令人印象深刻，更重要的是，它们赋予了 Sora 独特的视频生成能力，使其能够精确地模拟物理世界中的人、动物以及环境。

这些"涌现"能力的属性并非基于任何特定的归纳偏差（Inductive Bias），如 3D（Three-Dimensional，三维）结构或物体识别等。相反，它们纯粹是模型在处理大量数据时自然产生的尺度现象。换句话说，这些属性是模型在庞大的数据集上进行训练时自我学习和自我优化的结果，而非人为预设或强加的。

这种无偏差的"涌现"能力，使 Sora 在模拟现实世界时更加灵活和真实。无论是模拟人物的动态行为、动物的奔跑跳跃，还是重现复杂的环境变化，Sora 都能够凭借其强大的"涌现"能力，呈现出令人信服的结果。

其中，3D 一致性就是 Sora "涌现"能力中的一个重要特点，使 Sora 可以生成具有镜头运动效果的动态视频，随着镜头的移动和旋转，人和场景元素在三维空间中始终会保持一致的运动，相关示例如图 2-8 所示。

📢 专家提醒

　　归纳偏差是指在机器学习算法中，模型对特定类型的数据或假设的偏好。这种偏好可能会导致模型在训练过程中偏向于某些解决方案，而忽略其他可能的、同样有效的解决方案。归纳偏差通常是由于模型的设计、参数的选择、训练数据的特性等因素引起的。

　　在视频模型中，归纳偏差可能表现为模型对某些类型的视频或场景有更强的识别能力，而对其他类型的数据则表现较差。例如，一个模型可能被设计为更擅长识别静态图像，而对动态视频的处理能力较弱。这种偏差可能会导致模型在处理复杂或多样化的视频数据时表现不佳，因为它可能过于依赖某些特定的特征或模式。

　　为了减轻归纳偏差的影响，研究人员通常会尝试不同的模型结构、训练策略或数据增强技术，以增加模型的泛化能力和适应性。这样可以帮助模型更好地处理各种类型的数据，提高其在不同场景下的性能表现。

▶ Sora 案例生成 ◀

步骤 ① 输入的提示词：

　　Beautiful, snowy Tokyo city is bustling. The camera moves through the bustling city street, following several people enjoying the beautiful snowy weather and shopping at nearby stalls. Gorgeous sakura petals are flying through the wind along with snowflakes.

步骤 ② 生成的视频效果：

　　这是 Sora 生成的一段东京城熙熙攘攘的视频画面。

　　3D 一致性是视频生成中一个重要的概念，从图 2-8 中可以看到，它保证了 Sora 生成的视频在空间上具有连贯性和真实性。当镜头跟随人物向前推进时，Sora 能够精确地模拟和渲染出周围环境的细节和变化。

📢 专家提醒

　　Sora 具备出色的物理模拟能力，能够模拟真实世界中的物理规律，如重力、碰撞和摩擦力等，使生成的视频内容在动态表现上更加自然、真实。无论是风吹草动还是水流潺潺，Sora 都能够精准地模拟出这些自然现象，为用户带来身临其境的感受。

图2-8　白雪皑皑的东京城市

中文大意：美丽、白雪皑皑的东京城熙熙攘攘。镜头穿梭于熙熙攘攘的城市街道，跟随享受美丽的雪天并在附近的摊位购物的几个人。绚丽的樱花花瓣随着雪花在风中飘扬。

这意味着，无论是人物的行走、跑步或者跳跃，还是场景中的建筑物、树木等元素的移动，都能够与镜头的运动保持协调，呈现出更加真实和自然的视觉效果。因此，3D一致性不仅增强了视频的视觉效果，还提升了用户观看体验。

2.8　保持主体和场景的一致性

以人物、动物或者物体为例，即使在它们被遮挡或离开画面的情况下，Sora模型也能通过其强大的处理能力使它们以某种方式在视频中持续存在，相关示例如

图 2-9 所示。这种长期一致性（指 AI 视频的长程连贯性和物体永久性）的特性，能使 Sora 生成的视频更加自然、真实，给观众带来更好的观看体验。

▷ Sora 案例生成 ◁

步骤 01 输入的提示词：

A beautiful silhouette animation shows a wolf howling at the moon, feeling lonely, until it finds its pack.

步骤 02 生成的视频效果：

这是 Sora 生成的一段狼对着月亮嚎叫的剪影视频效果，即使在不同的视频和镜头部分，狼的外观、树的剪影效果以及视频的颜色风格也能够保持一致性。

图 2-9　狼对着月亮嚎叫的剪影

中文大意： 这是一段美丽的剪影动画，展现了一只狼对着月亮嚎叫，感到孤独，直到它找到了自己的狼群。

长期一致性一直是 AI 视频生成领域面临的重要挑战。在采样长时间视频时，保持内容在时间上的连贯性对于视频生成模型来说尤为困难。然而，视频生成模型 Sora 在这方面表现出了不俗的能力。尽管并非在所有情况下都能完美应对，但 Sora 通常能够有效地处理短期和长期的依赖关系，确保生成的视频在内容上具有长程连贯性。

例如，在一段视频中，若一个角色在开始时身着红衣，那么不论视频如何切换场景或角度，该角色的红衣着装都将始终如一，保持高度的一致性。同样地，当视频描述一个人物从一张桌子移动到另一张桌子的过程时，Sora 的强大能力就得以凸显。即便视角发生转换，或是场景有所变换，人物与两张桌子之间的相对位置及其互动细节，都将被精准地维持和呈现。这种长期一致性的保持，不仅体现了 Sora 在视频处理上的深厚实力，也为观众带来了更为真实和沉浸的观影体验。

2.9 能够"与世界进行互动"

"与世界进行互动"是 AI 领域一个具有挑战性的目标，而 Sora 在这方面展现出了不俗的能力。在某些情况下，Sora 能够模拟出对世界状态产生影响的简单动作，使虚拟世界中的物体和角色能够与现实世界一样进行交互，使生成的视频内容更加真实、生动和富有情感，从而让生成的视频更具有情感共鸣和生动性，为用户带来全新的视频创作和观影体验。

图 2-10 所示的视频展示了一个画家站在画布前，用笔在画布上作画。这时，画家在画布上留下了新的笔触、新的颜色、新的线条以及新的形状，观众可以看到画家的手臂和手部动作，以及笔触在画布上的变化，这样的呈现方式使观众可以体验到画家创作的过程，并感受到画作逐渐完善的变化。

▶ Sora 案例生成 ◀

步骤 01 输入的提示词：

A person is painting a watercolor of a cherry blossom tree, with predominantly white and brown tones, in a fresh and natural style. The scene is presented in hand-drawn animation.

步骤 02 生成的视频效果：

这是 Sora 生成的一段画家用笔在画布上作画的视频效果。虽然这不是真实的物理交互，但 Sora 通过模拟物体间的动作和变化，可以在生成的视频中呈现出类似于物理交互的效果，从而使视频效果更加生动。

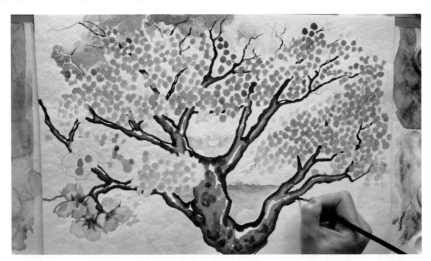

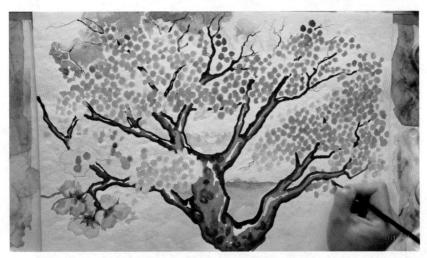

图 2-10 画家用笔在画布上作画视频

中文大意：一个人正在用笔画一幅樱花树的水彩画，色调以白色和棕色为主，采用清新自然的风格，画面以手绘动画方式呈现。

在这个案例中，这些笔触不仅在当时可见，而且会随着时间的推移而持续存在。这意味着画家可以在之前的作品上进行叠加或修改，创造出更加丰富的画面效果。Sora 通过模拟画家在画布上作画的过程，从而在生成的视频中展现出新的笔触，这种效果是通过算法和模型来实现的，而不是通过真实的物理交互。

尽管如此，这种视觉效果仍然可以给观众一种仿佛是通过真实物理交互而产生的感觉，增强了视频的真实感和沉浸感。

2.10 能够模拟数字世界的行为

Sora的模拟能力不仅限于现实世界,它同样可以模拟数字世界中的"人工过程"。Sora模拟的"人工过程"通常指的是Sora能够理解和模拟那些原本需要人类参与或控制的过程。在《我的世界》这款游戏中,Sora不仅可以运用基本策略来控制玩家的行动,还能以极高的保真度呈现出游戏世界及其动态变化,这种双重能力的结合,使Sora在游戏模拟领域具有巨大的潜力。

例如,在视频游戏的情况下,Sora可以模拟玩家在游戏中的行为,这些行为原本是由人类玩家通过控制器或键盘鼠标等输入设备来执行的。通过学习和模拟这些"人工过程",Sora可以在没有人类直接参与的情况下,自主地与游戏环境进行交互,并产生类似于人类玩家的游戏行为,如图2-11所示。

▷ Sora 案例生成 ◁

步骤 01 输入的提示词:

Simulate the game scene of "Minecraft".

步骤 02 生成的视频效果:

这是Sora生成的一段模拟《我的世界》游戏场景的视频效果。

图2-11 模拟《我的世界》游戏场景

中文大意:模拟《我的世界》游戏场景。

　　值得一提的是，Sora 的这些功能可以通过零样本学习的方式来实现。这意味着，在没有任何先验知识的情况下，只需通过简单的提示词，如带有 Minecraft（《我的世界》）的文本指令，Sora 就能够理解并模拟出与该游戏相关的行为和场景。

2.11　打造出逼真的虚拟场景

　　Sora 展现出了卓越的复杂场景和角色等元素生成能力，它能够轻松生成包含众多角色、各种运动类型、主题鲜明、背景细节丰富的复杂场景。

　　无论是生动的角色表情，还是复杂的运镜技巧，Sora 都能游刃有余地创造出来，这使其生成的视频不仅具有高度逼真性，还具备引人入胜的叙事效果，让观众仿佛置身于一个真实而又充满故事的世界中，相关示例如图 2-12 所示。

▷ Sora 案例生成 ◁

步骤 01 输入的提示词：

　　Two people walking up a steep cliff near a waterfall and a river in the distance with trees on the side, stunning scene.

步骤 02 生成的视频效果：

　　这是 Sora 生成的一段令人惊叹的山水风光视频效果。

图 2-12　令人惊叹的山水风光视频

> **中文大意**：两个人走上陡峭的悬崖，悬崖边上有一个瀑布，远处有一条河流，旁边有树，这是令人惊叹的一幕。

从图 2-12 中可以看到，Sora 视频采用快速摇镜头的运镜方式，展现出大画幅的横向场景，而且这些画面能够无缝衔接。Sora 高超的运镜技巧，使画面在快速切换时仍能保持高度的连贯性。这种效果在动作场景、风景描绘或大型活动中尤为显著，能够让观众仿佛身临其境，感受到无与伦比的沉浸感。

2.12　强大的角色动画生成能力

Sora 还具备强大的角色动画生成能力，它能够模拟人物、动物等角色的动作和表情，使生成的视频内容在角色表现上更加生动和有趣，相关示例如图 2-13 所示。无论是角色的动作还是表情，Sora 都能够准确地模拟出这些状态，让角色更加逼真地展现在人们面前。

Sora 的强大能力不仅体现在单个角色的塑造上，更体现在对整个场景的全面掌控上，它甚至还能够模拟不同场景之间的交互行为和联系，使生成的视频内容在场景转换上更加流畅和自然。

▷ Sora 案例生成 ◁

步骤 01 输入的提示词：

A corgi vlogging itself in tropical Maui.

步骤 02 生成的视频效果：

这是 Sora 生成的一段柯基犬在热带毛伊岛拍摄视频的视频效果。

图 2-13　一只柯基犬在热带毛伊岛拍摄视频

图 2-13 一只柯基犬在热带毛伊岛拍摄视频（续）

> **中文大意**：一只柯基犬在热带毛伊岛拍摄视频。

总之，无论是从室内到室外，还是从白天到黑夜，Sora 都能够准确地模拟出这些场景转换，为用户带来连贯而完整的视觉体验；无论是角色的动作、表情，还是场景的布局、光影，Sora 都能精准把握，呈现出令人惊叹的视觉效果。这种对细节的极致追求，使 Sora 在视频生成领域独树一帜。

2.13 呈现出丰富的多镜头效果

Sora 具备在同一样本中生成同一角色的多个镜头的能力，这意味着在整个视频中，同一角色的外观、动作和表情都能得到一致的保持，这一特性对于制作需要多个角度、多个场景呈现同一角色的视频来说尤为重要。

Sora 的多镜头生成能力，在电影预告片、动画以及其他需要多视角展示的场景的制作中尤为实用。通过 Sora，用户可以灵活地在不同镜头间切换，展现角色的不同面貌和动作，同时保持整体视觉效果的连贯性和一致性，相关示例如图 2-14 所示。这种多镜头生成技术不仅提升了视频制作的效率和灵活性，还为观众带来了更加丰富和多样的视觉体验。

▷ Sora 案例生成 ◁

步骤 01 输入的提示词：

A movie trailer featuring the adventures of the 30 year old spaceman wearing a red wool knitted motorcycle helmet, blue sky, salt desert, cinematic style, shot on 35mm film, vivid colors.

步骤 02 生成的视频效果：

这是 Sora 生成的一段电影预告片的视频效果。

图 2-14   一段电影预告片视频

中文大意： 一部电影预告片，讲述了一位 30 岁的太空人的冒险故事，他戴着红色羊毛编织的摩托车头盔，在蔚蓝的天空和盐湖沙漠中，采用电影风格，使用 35毫米胶片拍摄，色彩鲜明。

　　在电影预告片的制作中，通过 Sora 的多镜头生成能力，能够快速地生成多个具有紧张感和悬念的镜头，将观众带入到电影的氛围中；在动画制作领域，Sora 可以轻松创建出多个角度、不同视点的镜头，使动画角色和场景更加生动和立体。Sora 的应用不仅能够缩短视频制作周期，还提高了作品的质量和观赏性。

　　总体来说，Sora 的多镜头生成能力为视频制作领域带来了革命性的变革，它使用户能够以前所未有的方式展示角色和故事，为观众呈现出更加精彩、丰富的视觉盛宴。随着技术的不断发展，我们有理由相信，Sora 将在未来的视频制作领域发挥更加重要的作用。

总之，Sora 这些强大的功能展示了视频制作路径的广阔前景：通过不断扩展和提升视频模型的规模和性能，有望开发出能够高度模拟物理世界和数字世界的先进模拟器。这些模拟器将不仅能够精准地再现现实世界中的物体、动物和人物，还能深入模拟它们在各种环境下的行为、互动和演变。

这将为人们提供一个全新的视角和工具，用于研究现实世界的复杂系统，探索未知领域的可能性，以及创造更加丰富和逼真的虚拟体验。随着 AI 技术的不断进步，有理由相信，未来的视频模型将在模拟物理和数字世界的道路上取得更加辉煌的成就。

本章小结

本章主要介绍了 Sora 的 13 个创新能力，包括生成长达 60 秒的超长视频、画面具有丰富的细节、能准确理解自然语言、具有较高的分辨率和灵活的采样能力、保持视频画面与 3D 一致性、保持主体和场景的一致性、能够"与世界进行互动"、拥有强大的角色动画生成能力等。通过对本章内容的学习，读者可以熟练掌握 Sora 的一些创新功能，方便后续更好地应用 Sora 制作出精彩的 AI 短视频。

课后习题

鉴于本章知识的重要性，为了让大家能够更好地掌握所学知识，下面将通过课后习题进行简单的知识回顾和补充。

（1）请简述 Sora 生成高质量的视频效果主要依靠哪些技术。

（2）请简述 Sora 在生成视频过程中的"长期一致性"特点。

课后习题 1

课后习题 2

第 3 章 13 个技术，剖析 Sora 原理特性

学习提示

　　OpenAI 的 Sora 视频生成模型自发布以来，以其强大的技术特性和优势引起了广泛关注。本章将深入解析 Sora 的技术特性与优势，探讨其背后的技术原理和实现方式。通过对 Sora 的深入剖析，可以更好地理解其在 AI 视频领域的创新之处，同时也为其他相关领域的技术发展和应用推广提供有益的借鉴和指导。

3.1 根据文本生成视频的关键模型

Sora采用了基于扩散变换器（Diffusion Transformer，DiT）的架构，这种模型通过逐步去除视频中的噪声来生成视频，首先从看似静态噪声的视频片段开始，通过多个步骤逐步移除这些噪声，最终将视频从最初的随机像素转化为比较清晰的图像场景。

Sora的出现为我们提供了一种全新的视频生成方式。作为一种扩散（Diffusion）模型，Sora能够从给定的噪声块中预测出原始、清晰的视频帧，如图3-1所示，这一特性使Sora在视频处理和生成领域具有广泛的应用前景。

图3-1 Sora能够从给定的噪声块中预测出原始、清晰的视频帧

下面对变换器架构进行相关分析，如图3-2所示。

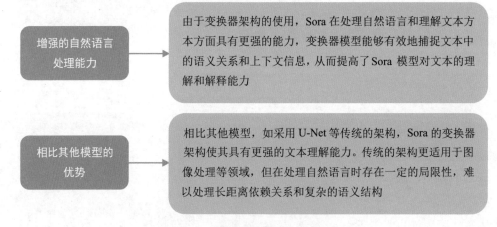

增强的自然语言处理能力
由于变换器架构的使用，Sora在处理自然语言和理解文本方本方面具有更强的能力，变换器模型能够有效地捕捉文本中的语义关系和上下文信息，从而提高了Sora模型对文本的理解和解释能力

相比其他模型的优势
相比其他模型，如采用U-Net等传统的架构，Sora的变换器架构使其具有更强的文本理解能力。传统的架构更适用于图像处理等领域，但在处理自然语言时存在一定的局限性，难以处理长距离依赖关系和复杂的语义结构

图3-2 对变换器架构进行相关分析

值得注意的是，Sora不仅仅是一个简单的扩散模型，它还是一个扩散变换器。变换器作为一种强大的深度学习架构，已经在语言建模、计算机视觉和图像生成等多个领域展现了出色的性能。因此，将扩散模型与变换器相结合，使Sora在视频生成方面具备了更强的扩展性和灵活性。

下面通过对比不同训练阶段的视频样本，可以清晰地看到Sora模型在训练过程中的逐步改进，如图3-3所示。从图3-3中可以看到，随着计算资源的增加，Sora生成的视频样本质量得到了显著提升，这充分证明了Sora这个扩散模型在视频生成方面的强大潜力和应用价值。

▷ Sora 案例生成 ◁

步骤 01 输入的提示词：

A woman and a little dog are playing in the snow. The little dog is wearing a blue hat with bright colors.

步骤 02 生成的视频效果：

这是 Sora 生成的 3 段小狗在户外玩耍的 视频效果，分别为基础计算、4 倍计算以及 32 倍计算下的视频画面效果。

基础计算　　　　　　　　4 倍计算　　　　　　　　32 倍计算

图 3-3　3 段小狗在户外玩耍的视频效果

中文大意： 一个女人和一只小狗在雪地上玩耍，小狗戴着一顶蓝色的帽子，色彩鲜艳。

总结为一句话，那就是 Sora 利用文本条件化的扩散模型生成内容。我们可以想象涂鸦草稿本，起初是无意义的斑驳笔迹。若指定"小狗"主题并优化笔迹，最终会呈现逼真的小狗图像。

类似地，Sora 从随机噪声视频开始，根据文本提示（如"小狗在雪地上玩耍"）逐步修改，并利用视频和图片数据知识去除噪声，生成接近文本描述的内容。此过程并非一蹴而就，而是需要数百个渐进步骤，最终生成与文本相符但画面各异的视频。

3.2　处理复杂视频内容的关键技术

Sora 从大型语言模型（Large Language Model，LLM）中获得灵感，这些模型通过训练互联网级规模的数据来获得通用能力。LLM 范式之所以成功，部分原因归功于使用了令牌（Tokens）。这些令牌能够将文本的多种模态——代码、数学和各种自然语言统一起来，为模型提供了一种简洁而高效的方式来处理和理解数据。

与LLM使用文本令牌不同，Sora模型使用视觉补丁（又称为视觉块）作为数据的表示方式。补丁是一种特定的数据结构，它能够将图像或视频分解为更小的、易于处理的部分。之前的研究已经证明，补丁是视觉数据模型的有效表示方式，因为它们能够捕捉图像的局部特征和结构，同时保持全局信息。

那么，如何将视频转换为补丁呢？首先，需要对视频进行压缩。这里的压缩不是指减少视频文件的大小，而是将其映射到一个较低维度的潜在空间。这种潜在空间能够捕捉视频的主要特征，同时去除冗余和噪声。通过这种方法，可以将复杂的视频数据转化为一个更简洁、更易于处理的表示。

接下来，将这个低维表示分解为时间空间补丁（Time-Space Patches，又称为时空补丁或时空块），即将视频分解为一系列的时间和空间上的小块，如图3-4所示，每个块都包含了视频在特定时间和位置的信息。这种分解方式使模型能够更好地理解和生成视频内容，因为它可以专注于处理每个小块，而不是整个视频帧。

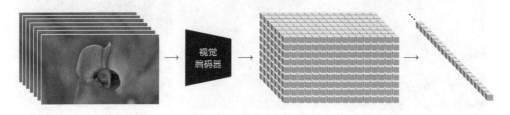

图3-4 将视频分解为一系列的时间和空间上的小块

视觉编码器（Visual Encoder）在将视频转换为时空补丁的过程中起着关键的作用。视觉编码器的主要任务是从原始视频数据中提取有意义的信息，并将其转化为模型可以理解和处理的格式。视觉编码器通常使用深度学习技术，如卷积神经网络（Convolutional Neural Network，CNN）或变换器模型来执行这一任务。

3.3 生成连贯视频序列的4个步骤

Sora的技术路线涉及多个方面，包括视频压缩网络、时空补丁提取等步骤，并且其训练方法是基于大规模训练的生成式模型。在技术细节上，Sora使用了循环神经网络（Recurrent Neural Network，RNN）和长短期记忆（Long Short-Term Memory，LSTM）网络作为核心技术。

循环神经网络是一种特殊的神经网络架构，主要用于处理序列数据，如文本、语音、时间序列等。循环神经网络以序列数据作为输入，在序列的演进方向上进行递归（Recursion），且所有节点（循环单元）按链式结构来进行连接。

循环神经网络具有记忆性、参数共享以及图灵完备（Turing Completeness）等特性，这使它在处理序列的非线性特征时具有优势。

循环神经网络的结构包括一个循环单元和一个隐藏状态，其中循环单元负责接收当前时刻的输入数据以及上一时刻的隐藏状态，而隐藏状态则同时影响当前时刻的输出和下一时刻的隐藏状态。

长短期记忆网络是一种特殊类型的循环神经网络，主要用于处理和预测序列数据的重要模型，可以有效解决传统循环神经网络存在的长期依赖问题。长短期记忆网络通过引入记忆单元来解决这个问题，这个记忆单元可以记住之前的信息，并在需要时使用这些信息。

循环神经网络能够处理前后相关性和时序性，从而生成连贯的视频序列。Sora 使用循环神经网络生成连贯的视频序列主要通过以下几个步骤实现。

❶ 文本条件扩散模型的联合训练。Sora 与文本条件扩散模型进行了联合训练，这意味着模型能够处理不同持续时间、分辨率和宽高比的视频和图像。这种联合训练方式，使 Sora 能够根据用户的文本描述，生成时间长达 60 秒、分辨率高达 1080P 的高质量视频，同时这些视频包含精细繁杂的场景、生动的角色表情以及复杂的镜头运动，相关示例如图 3-5 所示。

❷ 在时空块上操作的变换器架构。Sora 利用了一种在视频和图像潜在代码的时空块上操作的变换器架构，这种架构允许模型在视频和图像上进行操作，从而生成基于时间和空间的视频序列。

❸ 视觉块（Visual Patch）的表示。在 Sora 中，视觉块的表示是一种创新的方法，它借鉴了大型语言模型的成功经验，将视觉数据转化为一种高效且可扩展的表示形式。这种表示法不仅提高了模型的性能和通用性，还为视觉数据的处理和分析提供了新的可能性。

❹ 扩散变换器的计算。在视频生成的过程中，Sora 的扩散变换器还会进行一系列复杂的计算，包括注意力机制等。这些计算有助于模型理解和生成视频中的连贯动作和场景变化，从而实现视频的连贯性。

▷ Sora 案例生成 ◁

步骤 01 输入的提示词：

The camera rotates around a large stack of vintage televisions all showing different programs — 1950s sci-fi movies, horror movies, news, static, a 1970s sitcom, etc, set inside a large New York museum gallery.

步骤 ⑫ 生成的视频效果：

这是 Sora 生成的一大堆老式电视播放着不同节目的视频效果。

图3-5 一大堆老式电视播放着不同的节目视频

中文大意：摄像机环绕着一大堆老式电视机旋转，这些电视机都播放着不同的节目——20世纪50年代的科幻电影、恐怖电影、新闻、静像、20世纪70年代的情景喜剧等，这些电视机被放置在纽约一家大型博物馆的展厅里。

3.4 生成不同视频风格的5个步骤

Sora 通过生成式对抗网络（Generative Adversarial Networks，GAN）模型而生成不同风格的视频，主要得益于其采用的扩散变换器架构。这种架构基于深度学习技术，能够将随机噪声逐渐转化为有意义的图像或视频内容。扩散模型是一种特殊的生成式对抗网络模型，它在生成过程中会不断调整模型的参数，以达到最优的性能和质量。

GAN 模型是一种深度学习模型，用于生成新的数据样本，如图片、音频和文本等。GAN 由两个互相对抗的神经网络组成，即生成器（Generator）和判别器（Discriminator）。生成器的任务是生成新的数据样本，而判别器的任务则是判断输入的数据样本是否真实。

生成不同风格的视频需要选择合适的 GAN 模型，并通过大量的数据训练，控制视频生成风格，解决视频生成过程中的问题，相关步骤如下。

❶ 选择合适的 GAN 模型。根据视频的特点（如长度、内容等）选择适合的 GAN 模型。例如，OpenAI 公司发布的 Sora 模型支持 60 秒超长时间的视频生成，这表明它适用于长视频内容的生成。

❷ 训练 GAN 模型。通过大量的视频数据训练生成器和判别器。生成器通过学习生成视频的能力，判别器则通过学习判断视频是否为真实生成。这个过程涉及对生成器和判别器进行优化，以提高生成的视频质量。

📢 专家提醒

在 GAN 模型的训练过程中，生成器和判别器会进行对抗训练，不断改进和优化各自的参数。生成器试图生成更加逼真的数据样本，以欺骗判别器；而判别器则努力识别出输入的数据样本是否为真实数据，或是由生成器生成的假数据。通过这种对抗过程，生成器和判别器都会逐渐提高自己的性能。GAN 模型的主要应用包括图像生成、图像修复、风格迁移等。

❸ 控制生成风格。GAN 可以通过调整潜在因子 z 来控制生成内容的类型和风格。原版 GAN 基于潜在因子 z 生成图像，但为了更好地控制风格，可能需要在每个卷积层生成数据时发挥更主要的作用。此外，还可以通过引入额外的时间维度来控制和修改复杂的视觉世界。

❹ 解决视频生成问题。视频生成过程中可能会遇到纹理粘连（Texture Sticking）等问题。例如，StyleGAN-V 生成的视频中出现了严重的纹理粘连现象，而 StyleGAN3 通过细致的信号处理、扩大填充（Padding）范围等操作缓解了纹理粘连问题。

❺ 实现视频合成。GAN 模型可以用于将不同的视频片段进行合成。通过训练生成器，可以使其学习到不同视频片段之间的关系，从而实现视频的合成。例如，可以将多个视频片段组合成一个完整的视频，或者将特定风格的片段融入视频中。

在视频生成方面，扩散模型能够学习到输入视频的特征，并将这些特征与随机噪声相结合，生成具有特定风格或效果的视频。此外，Sora 还引入了视频压缩网络技术，将输入的图片或视频压缩成一个更低维度的表示形式，便于后续处理。这一过程不仅提高了视频的可压缩性，也为后续的视频生成提供了便利。

Sora 的技术特点还包括其多功能性，它能够对现有图像或视频进行编辑，基于文本提示进行变换，无论是创建无缝循环、动画，还是改变视频的环境或风格，Sora 都能轻松应对。这使 Sora 能够生成具有多个角色、特定类型运动以及精确主题和背景细节的复杂场景，并且能够模拟物理效果。

3.5 加快视频生成速度的 4 个技术特点

Sora 加快视频生成速度的方法主要体现在其采用了自回归变换器（Autoregressive Transformers，AT）技术。自回归变换器是一种基于变换器的模型，它通过自注意力机制来捕捉序列数据的长期依赖关系，从而在视频生成过程中能够更有效地处理长序列数据。Sora 模型的自回归变换器架构的技术特点主要包括以下几点。

❶ 时空块操作。Sora 模型采用了时空补丁的概念，这是自回归变换器和扩散模型中的一个关键方法，通过将不同图像的多个补丁打包到单个序列中，展示了显著的训练效率和性能增益。

> 📢 **专家提醒**
>
> 时空补丁使 Sora 能够在压缩的潜在空间中进行训练，并在此空间中生成视频，同时开发了一个对应的解码器模型，能将生成的潜在表示映射回到像素空间，对于给定的压缩输入视频，提取一系列时空区块，它们在变换器模型中充当标记。
>
> 通过与时空补丁相结合，OpenAI 公司联合训练了文本条件扩散模型，用于生成可变持续时间、分辨率和宽高比的视频和图像。

❷ 降低视觉数据维度。通过变换器架构，Sora 能够有效地降低视觉数据的维度，从而提高视频生成的效率和质量。

❸ 处理多样化视觉数据。Sora 能够处理多样化的视觉数据，并将这些数据统一转换为可操作的内部表示形式，这对于生成高质量的视频内容至关重要。

❹ 文本条件化。Sora 还利用文本条件化的扩散模型，根据文本提示生成与之匹配的视频内容。这种方法使 Sora 能够根据不同的文本提示，生成相应的视频内容，增加了模型的灵活性和适应性。

3.6 掌握视频压缩网络的 5 个方面

Sora 训练了一个能够降低视觉数据维度的视频压缩网络，该网络以原始视频作为输入，输出一种在时间和空间上都被压缩的潜在表示。Sora 在此压缩的潜在空间中进行训练，并随后生成视频，相关示例如图 3-6 所示。

▷ Sora 案例生成 ◁

步骤 (01) 输入的提示词：

A young man at his 20s is sitting on a piece of cloud in the sky, reading a book.

步骤 (02) 生成的视频效果：

这是 Sora 生成的一个年轻人坐在云朵上读书的视频效果。

图 3-6　一个年轻人坐在云朵上读书视频

中文大意：一个二十几岁的年轻人坐在天空中的一朵云上，正在读书。

📢 专家提醒

从这段视频可以看出，一个年轻的男生坐在一朵云上读书，这种情境是不现实的，Sora 的 AI 技术突破了常规的物理限制，展现了一种超脱尘世的状态，表达了一种对自由和理想的追求。天空中一朵一朵的白云从男生的背后飘过，象征着自由、辽阔和纯净，整个画面非常自然、流畅，让角色更加丰满和立体。

这个视频压缩网络在视频生成过程中扮演着至关重要的角色。通过将原始视频压缩为潜在表示，可以去除冗余信息，提高视频的质量和流畅性。这种压缩不仅有助于减少计算资源的需求，还使得在后续的视频生成过程中能够更有效地利用数据。

Sora 视频压缩网络的技术原理主要包括以下几个方面。

❶ 将视频压缩到低维潜在空间。Sora 首先将视频数据压缩到一个低维的潜在空间中，这一过程可以理解为将视觉数据从高维度转换为低维度的表现形式，以便于后续的处理和分析。

❷ 分解为时空块。在压缩后的潜在空间中，Sora 会将视频分解为时空块。这些时空块是通过提取输入视频中的关键帧或片段，并将其在时间和空间上进行标记而得到的。

❸ 使用变换器架构。Sora 的视频压缩网络是基于变换器架构完成的，这种架构能够有效地处理视觉数据，特别是视频数据。

❹ 训练解码器模型。为了将生成的时空区块映射回像素空间，Sora 还训练了一个解码器模型，该模型用于将生成的潜在表示映射回像素空间，从而生成可视化的视频帧，这使用户能够直观地查看和评估 Sora 模型生成的视频质量。

❺ 多模态处理。Sora 能够同时处理多种视觉数据，包括视频、图像、文本等。这种多模态处理能力是 Sora 模型与其他视频生成模型相比的一个显著优势。

总体来说，视频压缩网络就像是一位高效的摄像师。在拍摄电影时，摄像师需要选择合适的角度、光线和拍摄技巧来捕捉最精彩的瞬间。同样地，视频压缩网络在视频生成过程中也扮演着至关重要的角色，它负责对原始视频素材进行压缩和优化，去除冗余信息，确保视频的质量和流畅性。这个过程就像是摄像师在拍摄过程中精心选择镜头，确保捕捉到的画面既清晰又生动。

3.7 提取时间空间潜在补丁的技术

提取时间空间潜在补丁（必要时可简称时空补丁）是指给定一个压缩后的输入视频，Sora 会提取出一系列时空补丁，这些补丁充当了转换器令牌。由于图像相当于单帧视频，因此该方案也适用于图像。采用这种基于时空补丁的表示方式，使 Sora 能够在可变分辨率、持续时间和长宽比的视频和图像上进行训练。

在推理过程中，Sora 可以通过在适当大小的网格中排列随机初始化的时空补丁来控制生成相应大小的视频，进一步增强了其在实际应用中的通用性和实用性。

时间空间潜在补丁提取这一步，就像是电影剪辑师的工作。在电影制作过程中，剪辑师需要从拍摄的素材中挑选出最精彩、最具表现力的片段，并进行剪辑和拼接。同样地，时间空间潜在补丁提取就是在压缩后的视频素材中筛选出关键的时间空间信息，形成所谓的潜在补丁，这些补丁就像是电影中的精彩片段。

3.8 用变换器模型生成视频

在 Sora 的视频生成过程中，变换器模型首先接收到时间空间潜在补丁，这些补丁类似于视频内容的详细"清单"，包含了视频中时间和空间的信息。接着，变换器模型会根据这些补丁和文本提示来决定如何调整或组合这些片段，以构建出最终的视频内容。这种方法使 Sora 能够生成既真实又富有想象力的场景，支持不同风格和画幅的视频，最长可达一分钟，相关示例如图 3-7 所示。

▶ Sora 案例生成 ◀

步骤 01 输入的提示词：

A Chinese Lunar New Year celebration video with Chinese Dragon.

步骤 02 生成的视频效果：

这是 Sora 生成的一段具有中国龙的中国农历新年庆祝视频。

图 3-7 具有中国龙的中国农历新年庆祝视频

图3-7 具有中国龙的中国农历新年庆祝视频（续）

中文大意： 一个具有中国龙的中国农历新年庆祝视频。

此外，Sora还是一个扩散模型，能够在给定带噪声的块输入和诸如文本提示之类的条件信息时，预测原始的"干净"块。这种能力使Sora能够深刻理解语言，准确领会提示词的内容，生成令人信服的角色和背景细节。

总之，用于视频生成的变换器模型就像是一位导演，他需要将这些片段巧妙地组合在一起，形成一个完整的故事情节。同样地，变换器模型负责将这些潜在补丁按照特定的规则和时间顺序进行排列组合，生成一部完整的视频作品。这个过程就像是导演在片场指导演员表演，确保每个场景都能完美衔接，呈现出最佳的播放效果。

3.9 强大的自然语言理解能力

Sora是OpenAI公司在AI和机器学习领域的重要成果之一，它通过自然语言理解（Natural Language Understanding，NLU）算法，以及各种技术的交叉应用，实现了从文本描述到视频内容的生成。

Sora的核心功能之一是其对输入的复杂文本的理解能力，Sora通过先进的自然语言理解算法，能够深入理解复杂的文本内容，并将其转化为指导视频生成的关键信息和描述，从而生成高质量的视频内容。下面进行相关分析，如图3-8所示。

对输入的复杂文本的理解能力	Sora具备先进的自然语言理解算法，能够处理输入的复杂文本，可以理解复杂语义和细微差别的文本描述

图3-8 Sora自然语言理解的相关分析

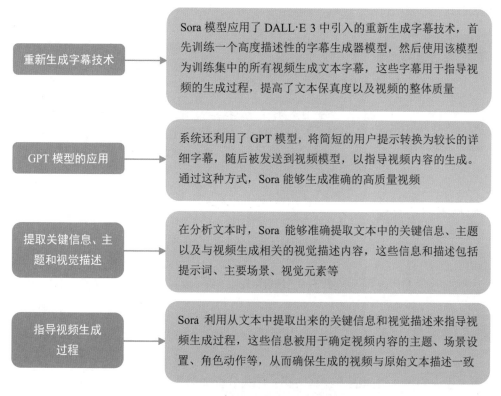

图 3-8　Sora 自然语言理解的相关分析（续）

3.10　利用 AI 驱动的场景合成算法

Sora 通过理解文本输入，并利用 AI 驱动的场景合成算法，将文本描述转化为连贯的视频内容。这一过程涉及文本理解、场景合成、布局视觉元素、动作排序和场景渲染等多个环节，最终生成符合用户预期的高质量视频，如图 3-9 所示。

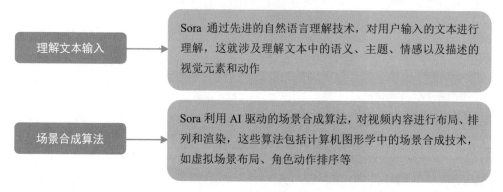

图 3-9　场景合成和渲染

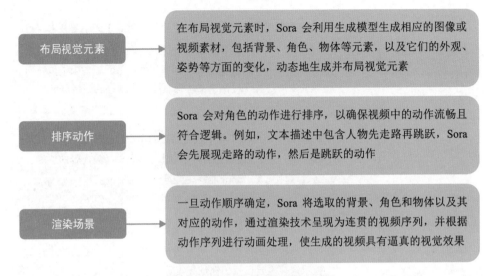

图 3-9　场景合成和渲染（续）

3.11　展现 AI 驱动的动画技术

Sora 能够利用 AI 驱动的动画技术，生成自然、生动的动态元素和角色动作，从而为生成的视频增添活力和真实感，相关分析如图 3-10 所示。

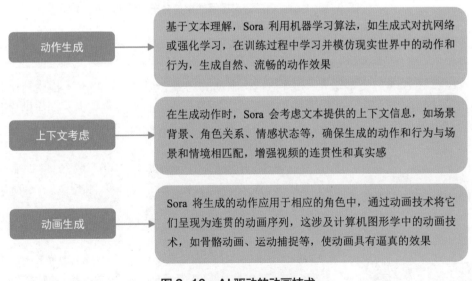

图 3-10　AI 驱动的动画技术

3.12　掌握个性化定制和精细化技术

Sora 的个性化定制和精细化技术协同，重塑了视频制作的过程，提升了用户体验，推动了创意实现，引领了行业的不断发展，相关分析如图 3-11 所示。

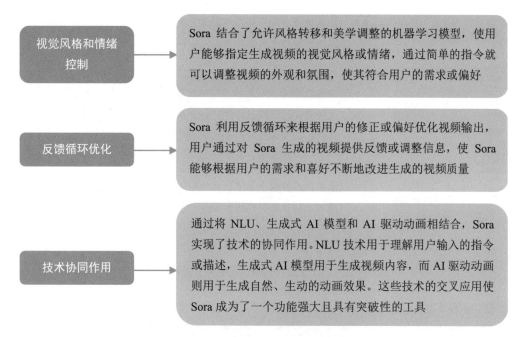

| 视觉风格和情绪控制 | Sora 结合了允许风格转移和美学调整的机器学习模型，使用户能够指定生成视频的视觉风格或情绪，通过简单的指令就可以调整视频的外观和氛围，使其符合用户的需求或偏好 |

| 反馈循环优化 | Sora 利用反馈循环来根据用户的修正或偏好优化视频输出，用户通过对 Sora 生成的视频提供反馈或调整信息，使 Sora 能够根据用户的需求和喜好不断地改进生成的视频质量 |

| 技术协同作用 | 通过将 NLU、生成式 AI 模型和 AI 驱动动画相结合，Sora 实现了技术的协同作用。NLU 技术用于理解用户输入的指令或描述，生成式 AI 模型用于生成视频内容，而 AI 驱动动画则用于生成自然、生动的动画效果。这些技术的交叉应用使 Sora 成为了一个功能强大且具有突破性的工具 |

图 3-11　个性化定制和精细化的相关分析

🔊 专家提醒

通过利用以上所述的技术，Sora 准备重新定义视频制作的界限，它为创作者提供了一个强大的平台，使他们能够将自己的创意和愿景转化为高质量的视频内容，从而推动视频制作领域的进步和创新。

3.13　训练了大量文本和视频数据

Sora 模型通过对大量不同类型的文本和视频数据进行训练，进而为用户提供了更加个性化和多样化的视频内容，相关分析如图 3-12 所示。

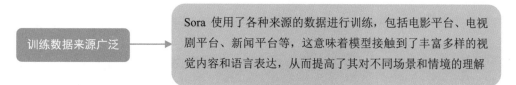

| 训练数据来源广泛 | Sora 使用了各种来源的数据进行训练，包括电影平台、电视剧平台、新闻平台等，这意味着模型接触到了丰富多样的视觉内容和语言表达，从而提高了其对不同场景和情境的理解 |

图 3-12　Sora 进行数据训练的相关分析

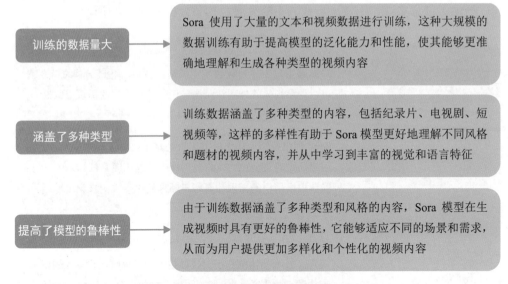

图 3-12 Sora 进行数据训练的相关分析（续）

本章小结

本章主要介绍了 Sora 的 13 个技术原理，包括根据文本生成视频的关键模型、处理复杂视频内容的关键技术、生成连贯视频序列的 4 个步骤、生成不同视频风格的 5 个步骤、掌握视频压缩网络的 5 个方面、提取时间空间潜在补丁的技术以及用变换器模型生成视频等内容。通过对本章内容的学习，读者可以熟练掌握 Sora 模型的相关技术与原理特性，更加深刻地理解 Sora 的强大之处。

课后习题

鉴于本章知识的重要性，为了让大家能够更好地掌握所学知识，下面将通过课后习题进行简单的知识回顾和补充。

（1）请简述 Sora 根据文本生成视频的关键模型。

（2）请简述 Sora 视频压缩网络的技术原理。

课后习题 1

课后习题 2

第 4 章 7 个解析，认识世界通用模型

学习提示

　　在 AI 领域，世界模型的概念已经被提出，并被认为是通向通用 AI 的关键技术之一。Sora 作为新一代的模型架构，以其世界通用模型的特性，引领着 AI 领域的新潮流。本章将深入探讨 Sora 的模型架构，揭示其世界通用模型的奥秘及其模型训练技术。

4.1 了解世界通用模型的3个定义

随着全球化的不断推进，我们生活在一个越来越多元化的世界中，其中跨文化、跨语言的交流成为常态。为了满足这一时代的需求，AI领域也在不断探索和发展更为通用、灵活的模型。其中，世界通用模型（也称为世界模型或通用世界模型）便是这一探索的重要成果，它旨在打破文化和语言的界限，构建一个能够理解和适应各种环境、场景的智能系统。

例如，Runway公司开发的世界通用模型，旨在让AI更好地模拟世界，尽可能接近我们生活的真实世界，模拟各种各样的情境和互动行为。此外，OpenAI公司的Sora被看作一种能作为世界模拟器的视频生成模型，其研究结果表明，扩展视频生成模型是构建物理世界通用模拟器的一条可行之路。

世界通用模型的主要目的是让AI系统更加接近真实的世界，从而更有效地完成复杂的任务和适应各种情况。世界通用模型可以通过内部理解来提高AI的学习能力、适应能力和规划能力，从而实现更高效、更智能的任务执行和模拟现实世界的能力。下面是一些AI公司对于世界通用模型给出的定义。

❶ Runway公司对世界通用模型进行了定义，认为它是一种AI系统，能够建构对环境的内部再现，并用来模拟该环境中的未来事件。这表明世界通用模型不仅仅是简单的模拟，而是通过内部理解来模拟环境，以便更好地学习和适应环境。

❷ Facebook或Meta的首席AI科学家和纽约大学教授Yann LeCun（中文译名为杨立昆）对世界通用模型的定义提供了另一种视角，他将世界通用模型视为一种计算框架，基于当前观测值、前一时刻的世界状态、动作提议以及潜在变量进行运算，这种计算框架强调了世界模型的计算复杂性和对世界的深入理解。

Meta的V-JEPA模型也被视为朝着更扎实地理解世界迈出的一步，旨在构建先进的机器智能，使其可以像人类一样学习更多知识，形成周围世界的内部模型，这进一步说明了世界通用模型在实现AGI中的重要性。

总体来说，世界通用模型是一种能够广泛应用于各种场景和任务的AI系统，这种模型通常经过大规模的数据训练，具有海量模型参数，并能够处理广泛下游任务，其核心是实现对世界的全面理解和控制，从而实现通用AI的目标。

📢 专家提醒

在AI领域中，广泛下游任务（A wide range of downstream tasks）指的是一个模型或系统可以应用于多种不同、具体的应用场景或任务。这些下游任务是模型训练完成后，实际部署到具体应用中时所面对的任务，它们通常是多样化的，并且可能涉及不同的领域、数据类型和问题类型。世界通用模型的设计目标就是能够灵活地适应不同的下游任务，而不需要为每个新任务重新训练一个全新的模型。

4.2 掌握世界通用模型的 5 个作用

世界通用模型在提升 AI 系统对真实世界的理解能力方面发挥着至关重要的作用，它不仅增强了 AI 系统对环境的模拟能力，促进了 AGI（通用人工智能）的实现，还提升了 AI 的通用性和实用性，支持 AI 系统的自主学习和推理，并推动了 AI 多模态领域的飞跃式发展。世界通用模型的作用主要体现在以下几个方面。

❶ 增强 AI 系统的环境模拟能力。世界通用模型能够帮助 AI 系统建构对环境的内部再现，从而更好地理解和预测环境中发生的事情。这意味着 AI 系统可以通过世界通用模型来模拟和理解复杂的环境，如视觉世界及其动态系统，以及光影反射、运动方式、镜头移动等细节。

❷ 促进通用 AI 的实现。OpenAI 公司强调，Sora 作为能够理解和模拟现实世界的模型基础，将成为实现 AGI 的重要里程碑，这表明世界通用模型的发展对于推动 AI 的进步具有重要意义。图 4-1 所示为 Sora 生成的真实世界场景，通过准确再现建筑细节、热闹的氛围以及柔和的光线效果，Sora 可以创造出一个引人入胜、栩栩如生的 Lagos（拉各斯）未来场景。

▷ Sora 案例生成 ◁

步骤 01 输入的提示词：

A beautiful homemade video showing the people of Lagos, Nigeria in the year 2056. Shot with a mobile phone camera.

步骤 02 生成的视频效果：

这是 Sora 生成的一段 2056 年尼日利亚拉各斯日常生活的视频效果。

图 4-1 2056 年尼日利亚拉各斯日常生活的视频

图4-1 2056年尼日利亚拉各斯日常生活的视频（续）

中文大意： 一段精美的自制视频，展示了2056年尼日利亚拉各斯的人们。这是一段用手机摄像头拍摄的视频。

❸ 提升AI的通用性和实用性。AI大模型的发展使AI能够更好地适应不同领域的应用，其预训练和大模型的结合，不仅提高了模型的泛化性和实用性，还能在自然语言处理、计算机视觉、智能语音等多个领域实现突破性的性能提升。这种技术进步有助于解决AI系统在特定领域应用时面临的挑战，如通用性低的问题。

❹ 支持AI系统的自主学习和推理。AI领域的著名科学家Yann LeCun（杨立昆）提出，通过自监督的方式加上世界通用模型，让AI像人类一样学习与推理。这意味着AI可以通过学习世界通用模型中蕴含的知识，进行自我学习和推理，从而在没有明确指导的情况下也能完成任务。

❺ 推动AI多模态领域的飞跃式发展。Sora模型等多模态模型的发展，使AI能够对视觉信息、文本信息、听觉信息等多元化数据进行融合理解，进一步提升了AI系统对真实世界的理解能力。

4.3 学习多模态模型的综合处理技术

多模态模型通过合并多种数据模态，如文本、照片、视频和音频，提供对场景更透彻的理解，从而促进AI更好地理解真实世界。多模态模型的目标是从多个来源编译数据，支持更准确和可信的决策。多模态模型是从多种模态的数据中学习并提升自身的算法，涉及视觉、听觉、触觉、嗅觉等多种感知通道的信息。与传统的单模态、单任务AI技术相比，多模态模型不仅局限于AI模型与数据之间的交互，还能够让AI学习互联网上的知识。

多模态模型的一个重要特点是其能够处理基于文本、语音、图片、视频等多模态数据的综合处理应用，完成跨模态领域任务。这意味着 AI 系统可以同时从不同的数据源获取信息，如视觉信息、声音信息等，从而更好地整合这些信息的含义和上下文，提高系统的理解和决策能力。

此外，多模态模型还能实现模态间映射任务，即将某一特定模态数据中的信息映射至另一模态，如通过机器学习得到图像描述或生成匹配的图像。这种能力对于解决复杂的"模因匹配"问题至关重要，因为它允许 AI 系统在不同模态之间进行有效的信息交流和理解。

📢 **专家提醒**

"模因匹配"指的是在文化领域内，通过模仿和传播模因来实现文化传承和创新的过程。模因（Meme）是一种文化基因，它与基因相似，都是由相同基因产生的现象，但模因通过模仿而传播，而非通过遗传。

例如，OpenAI 公司利用其大语言模型优势，把 LLM（大语言模型）和扩散结合起来训练，让 Sora 在多模态 AI 领域中实现了对现实世界的理解和对世界的模拟两层能力。Sora 模型能够生成具有复杂相机运动的视频，即使在快速移动和旋转的相机视角下，场景中的物体和角色在空间中仍能保持连贯的运动轨迹，相关示例如图 4-2 所示。同时，Sora 对物理规律的遵循程度较高，这对于光影反射、运动方式、镜头移动等细节的呈现效果较为逼真。

▶ Sora 案例生成 ◀

步骤 01 输入的提示词：

A large orange octopus is seen resting on the bottom of the ocean floor, blending in with the sandy and rocky terrain. Its tentacles are spread out around its body, and its eyes are closed. The octopus is unaware of a king crab that is crawling towards it from behind a rock, its claws raised and ready to attack. The crab is brown and spiny, with long legs and antennae. The scene is captured from a wide angle, showing the vastness and depth of the ocean. The water is clear and blue, with rays of sunlight filtering through. The shot is sharp and crisp, with a high dynamic range. The octopus and the crab are in focus, while the background is slightly blurred, creating a depth of field effect.

步骤 02 生成的视频效果：

这是 Sora 生成的一段深海中的大章鱼和帝王蟹之战的视频效果，利用橙色章鱼作为焦点，突显色彩对比，使其在海底环境中更为鲜明；利用螃蟹的棕色和刺的外观，与橙色章鱼形成鲜明对比，使观众注意到潜在的冲突，引导观众关注画面情节。

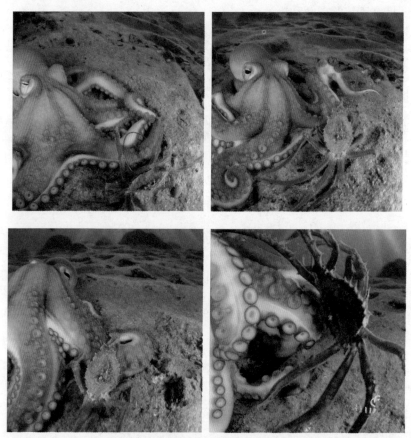

图4-2 深海中的大章鱼和帝王蟹之战

中文大意： 一只橙色的大章鱼栖息在海底，与沙质和岩石地形融为一体。它的触角伸展在身体周围，眼睛闭着。章鱼没有意识到一只帝王蟹正从岩石后面向它爬来，它的爪子抬起，准备攻击。这种螃蟹是棕色的，多刺，有很长的腿和触角。该场景是从大角度拍摄的，显示了海洋的浩瀚和深度。海水清澈湛蓝，阳光透过水面。镜头清晰，动态范围大。章鱼和螃蟹在焦点上，而背景稍微模糊，产生了景深效果。

Sora能够理解和处理文本指令，将用户的描述转化为视频内容，使模型能够生成与用户意图高度一致的视频。这一点对于生成逼真的多模态AI画面至关重要，因为它允许模型根据上下文理解和调整光影效果，以适应不同的场景和情境。

多模态模型通过合并多种数据类型、学习并提升算法、完成跨模态领域任务以及实现模态间映射等任务，显著提高了AI系统对真实世界的理解能力，这不仅有助于提高 AI 系统的决策准确性和可靠性，也为 AI 在各个领域的应用开辟了新的可能性。

4.4 打破虚拟与现实界限的通用模型

世界通用模型通过多种方式打破了虚拟与现实的边界。例如，Sora 不仅能在虚拟世界中创造出逼真的内容，还能模拟物理世界中的物体运动和交互行为，从而让虚拟与现实的界限变得越来越模糊，相关示例如图 4-3 所示。此外，Sora 的出现还为虚拟现实、增强现实等技术提供了支持。

▶ Sora 案例生成 ◀

步骤 ⓪① 输入的提示词：

An elderly man with white hair, wearing black-framed glasses, is eating a hamburger. The background is in a restaurant with warm yellow lighting. The scene is rich in detail, with a close-up shot and shallow depth of field.

步骤 ⓪② 生成的视频效果：

这是 Sora 生成的一个人吃汉堡并留下咬痕的视频效果，展示了一个人手持汉堡，并咬下一口，随着咬下去的动作，汉堡会出现咬痕，其中的食材也会相应地变化。观众通过视频看到咬痕的出现，以及食材的逐渐减少，从而感受到食物被吃掉的过程，这种逐渐变化的过程使视频更加生动和真实，让观众更容易产生共鸣和情感连接。这种能力使 Sora 生成的视频更加丰富和生动，能够吸引观众的注意力。

图 4-3 一个人吃汉堡并留下咬痕

图 4-3　一个人吃汉堡并留下咬痕（续）

> **中文大意：** 一个白发苍苍戴着黑框眼镜的男人在吃汉堡，背景是在一个餐馆中，有暖黄色的灯光，画面细节丰富，特写，浅景深。

　　世界通用模型能够呈现和模拟出像现实世界那样广泛和多样的情景及互动，这意味着通过构建世界通用模型，可以模拟出一个与真实世界高度相似的虚拟世界，从而为研究人类行为和训练机器人等领域提供了一个真实世界的模拟环境。例如，通过生成模型构建交互式现实世界模拟器，如 UniSim，研究者们探索了通过模拟人类和智能体如何与世界交互，迈出了构建通用模拟器的第一步。

4.5　了解通用模型 Runway 的 4 个方面

　　Runway 公司是一家成立于纽约的 AI 公司，它在世界通用模型的开发上取得了显著进展。Runway 公司的产品系列涵盖了广泛的 AI 应用领域，包括但不限于视频生成、图像生成、语音合成等。这些工具和技术的应用，使 Runway 公司能够在视频创作领域展现出卓越的能力，如通过文本提示或现有图像生成视频，以及生成更高质量的视频和图像。

　　此外，Runway 公司在 2023 年 11 月还推出了第二代文本生成视频模型 Gen-2，这款模型解决了第一代 AI 生成视频中每帧之间连贯性过低的问题，在从图像生成视频的过程中也能给出很好的结果。图 4-4 所示为 Gen-2 模型的文生视频功能。

　　然而，Runway 公司的目标远不止于此，该公司正致力于构建一个能够理解和模拟视觉世界的系统，这被称为通用世界模型（General World Model，GWM）。

图 4-4　Gen-2 模型的文生视频功能

尽管目前 Runway 公司的通用世界模型（GWM）仍处于早期研究阶段，但它已经展示了在解决 AI 视频面临的最大难题方面的潜力。Runway 公司的 GWM 在理解视觉世界中的研究与发展意义，主要体现在以下几个方面。

❶ 心智地图的建立。GWM 旨在建立一种心智地图（Mental Map），帮助模型理解世界的"为什么"和"怎么样"，从而让模型更全面地认识和描述世界。这种心智地图的建立，对于模拟和解释复杂的视觉内容至关重要。

❷ 解决 AI 视频的难题。Runway 公司认为，理解视觉世界及其动态的系统是人工智能发展的下一个重大进步，通过围绕 GWM 进行长期研究，可以有效解决 AI 视频领域面临的最大难题。这意味着 GWM 不仅能够提高现有视频生成系统的逼真度，还能为未来的视频制作提供更加丰富和多样的可能性。

❸ 模拟真实世界情景。GWM 旨在模拟真实世界情景，提高视频生成系统的逼真度。这表明 GWM 不仅仅是一个理论研究，而且是具有实际应用价值的技术创新。

❹ 推动 AI 发展。Runway 公司相信，通过能够理解和模拟视觉世界的 AI 系统，可以推动 AI 的发展，这意味着 GWM 的研究成果将对整个 AI 的理论和实践产生深远影响。

4.6　模拟现实世界复杂现象的 5 种方式

Sora 不仅能够生成视频，还被 OpenAI 公司定位于世界模拟器，这意味着它不仅仅是一个简单的视频生成工具，而且是一个能够深刻理解和模拟运动中的物理世界的通用模型。Sora 的推出，不仅标志着 OpenAI 公司在 AI 技术领域的又一次重大突破，也为构建物理世界的通用模拟器开辟了新的路径。

Sora 的技术基础是大型语言模型（简称为大语言模型或大模型），这些模型具有强大的语言理解和推理能力，通过深度学习算法在大量语料库中学习语言的语法结构、词汇含义和上下文关系。这种强大的语言能力为 Sora 模型提供了学习和泛化的机会，使其能够更好地理解视频中的语境和情境，相关示例如图 4-5 所示。

▷ Sora 案例生成 ◁

步骤 01 输入的提示词：

A litter of golden retriever puppies playing in the snow. Their heads pop out of the snow, covered in.

步骤 02 生成的视频效果：

这是 Sora 生成的一窝金毛寻回犬在雪地上玩耍的视频效果。

图4-5 一窝金毛寻回犬在雪地上玩耍

中文大意：一窝金毛寻回犬在雪地上玩耍。它们的头从雪中冒了出来，被雪覆盖着。

从图 4-5 中可以看到，Sora 模型根据提示词信息，生成了一段金毛寻回犬在雪地上欢快玩耍的场景，画面明亮清晰，捕捉到它们快乐的瞬间，雪花飞舞间，金毛寻回犬毛茸茸的身影在白雪映衬下更为可爱。透过雪堆冒出的小脑袋增添了温馨的氛围，整个画面以轻快的节奏呈现，让观众感受到纯真、活泼的雪地乐趣。

Sora 模型通过使用大语言模型来理解视频内容，主要是利用了大语言模型的核心功能，即通过代码或语言单元（即 Token）来统一多种类型的文本形式，包括代码、数学和各种自然语言。这种统一的能力使 Sora 能够直接学习图像视频数据及其体现出的模式，进而生成相应的图像或视频内容。

具体来说，Sora 将视觉数据转化为视觉块，这些块不仅包含了局部的空间信息，还包含了时间维度上的连续变化信息，从而使模型能够通过学习视觉块之间的关系来捕捉运动、颜色变化等复杂视觉特征，并基于此重建出新的视频序列。

此外，Sora 还能理解用户在提示中所要求的内容，并理解这些事物在现实世界中的存在方式，这表明它对语言有深刻理解，并能准确解读提示，从而生成表达丰富情感的视频内容。因此，Sora 模型基于大语言模型实现了对视频内容的深刻理解和生成，同时也实现了理解和模拟现实世界这两层能力。

Sora 中的大语言模型可以通过以下几种方式模拟现实世界的复杂现象，以帮助理解视频内容。

❶ 语言理解。大语言模型可以理解和分析视频中的文本描述、对话或标题，以获取有关视频内容的信息。

❷ 知识图谱。大语言模型可以与知识图谱或知识库相结合，以获取有关现实世界的知识和信息，如物体、场景、人物等的关系和属性。

❸ 情感分析。通过分析视频中的情感倾向，大语言模型可以模拟人类对现实世界事物的情感反应，相关示例如图 4-6 所示。

▷ Sora 案例生成 ◁

步骤 01 输入的提示词：

A cat waking up its sleeping owner demanding breakfast. The owner tries to ignore the cat, but the cat tries new tactics and finally the owner pulls out a secret stash of treats from under the pillow to hold the cat off a little longer.

步骤 02 生成的视频效果：

这是 Sora 生成的一只猫叫醒正在睡觉主人的视频效果。在这个场景中，展现了一只猫用各种方式来唤醒正在睡觉的主人，猫用爪子轻触主人的额头，而主人在被猫叫醒后试图继续睡觉，有闭眼和翻身等动作。Sora 能完全理解这段视频中的物体行为，它的大语言模型功能不仅能理解单个物体的行为，还能够模拟和理解物体之间的相互作用，包括物体之间的碰撞、交互、连接等情况。

图4-6 一只猫叫醒正在睡觉的主人

中文大意： 一只猫叫醒熟睡的主人，要求她吃早饭。主人试图忽略这只猫，但猫尝试了新的策略，最终主人从枕头下拿出了一堆秘密的零食，让猫多待一会儿。

❶ 多模态学习。结合大语言模型与其他模态的信息，如图像、音频等，更好地理解和模拟现实世界的复杂现象。

❷ 推理和预测。大语言模型可以进行推理和预测，根据已知的信息和模式来模拟现实世界的发展和变化。

4.7 模拟真实物理世界的运动与变化

Sora 展示了 AI 在理解真实世界场景并与之互动的能力，能够模拟真实物理世界的运动，包括物体的移动和相互作用，如雨滴下落时的涟漪效果、汽车飞驰而过的尘土飞扬等。

无论是物体的移动轨迹、速度变化，还是它们之间的相互作用和碰撞反应，都能被 Sora 准确地还原和呈现，相关示例如图 4-7 所示。这种能力的实现，得益于 Sora 强大的深度学习算法和海量数据的训练。

▷ Sora 案例生成 ◁

步骤 01 输入的提示词：

The camera follows behind a white vintage SUV with a black roof rack as it speeds up a steep dirt road surrounded by pine trees on a steep mountain slope, dust kicks up from it's tires, the sunlight shines on the SUV as it speeds along the dirt road, casting a warm glow over the scene. The dirt road curves gently into the distance, with no other cars or vehicles in sight. The trees on either side of the road are redwoods, with patches of greenery scattered throughout. The car is seen from the rear following the curve with ease, making it seem as if it is on a rugged drive through the rugged terrain. The dirt road itself is surrounded by steep hills and mountains, with a clear blue sky above with wispy clouds.

步骤 02 生成的视频效果：

这是 Sora 生成的一段摄像机跟随一辆白色 SUV 在山坡上行驶的视频效果。通过这段视频可以看出，一辆白色的老式 SUV 沿着陡峭的山坡行驶，摄像机在移动过程中与车辆和场景元素的运动保持了一致性，从而使生成的视频更加生动、形象，营造了一幅壮美的自然风景画面。通过对真实世界中的物理现象进行深度学习和分析，Sora 能够自主地掌握物体运动的规律，进而在虚拟环境中实现高度逼真的模拟。这种模拟不仅具有极高的真实感，还能根据用户的输入和环境的变化进行实时调整，使 Sora 能够在各种复杂场景中表现出色。

图 4-7 一段车辆行驶拍摄的视频效果

图4-7 一段车辆行驶拍摄的视频效果（续）

中文大意：摄像机跟随一辆白色的老式SUV，车顶有一个黑色的行李架，它沿着陡峭山坡上的一条土路加速前行，周围是松树，车轮卷起的尘土。阳光照在SUV上，使其在土路上快速行驶时，整个场景都笼罩在温暖的光辉之中。土路在远处轻轻弯曲，看不到其他车辆。路两旁的树木是红杉，零星分布着一些绿植。从后方看车辆沿着曲线行驶，似乎是在崎岖的地形中轻松驾驶。土路本身被陡峭的山丘和山脉所环绕，天空晴朗，白云飘荡。

本章小结

　　本章主要介绍了7个世界通用模型的相关知识，如世界通用模型的3个定义、世界通用模型的5个作用、多模态模型的综合处理技术、通过模型打破虚拟与现实的界限、世界通用模型Runway的4个方面、大语言模型模拟现实世界的5种方式等。通过对本章内容的学习，读者可以全面认识世界通用模型的相关技术内容。

课后习题

　　鉴于本章知识的重要性，为了让大家能够更好地掌握所学知识，下面将通过课后习题进行简单的知识回顾和补充。

　　（1）请简述世界通用模型的相关概念和主要目的。

　　（2）请简述大语言模型是通过哪些方式模拟现实世界复杂现象的？

课后习题1

课后习题2

第 2 篇
案例应用

第 5 章 8 个功能，
掌握 Sora 核心能力

学习提示

    OpenAI 公司的 Sora 无疑为视频创作领域揭开了崭新的篇章，凭借其强大而便捷的功能，无论是资深的专业人士，还是初入此道的爱好者，都能得心应手地创作出令人赞叹的高质量视频内容。本章主要介绍如何应用 Sora 的功能，包括文生视频、图生视频、视频生视频、编辑视频、连接视频以及生成图像等生成式功能。

5.1 通过官方网站注册 OpenAI 账号

Sora 模型的诞生，无疑给传统视频制作领域带来了翻天覆地的变革，它独具匠心地运用用户提供的文字提示，自动生成既逼真又富有创新性的视频内容。无论用户呈现的是简洁的场景勾画，还是错综复杂的故事情节，Sora 都能凭借其卓越的理解能力，巧妙地将文字转化为引人入胜、生动形象的视频画面。

开始使用 Sora 时，用户需要先访问 OpenAI 公司的官方网站，这个网站是接触和体验 OpenAI 先进技术的门户，并注册一个 OpenAI 账号，具体操作方法如下。

步骤 01 进入 OpenAI 的官方网站，在 Research（探索）菜单中选择 Sora 选项进入专题页面，单击右上角的 Log in（登录）链接，如图 5-1 所示。

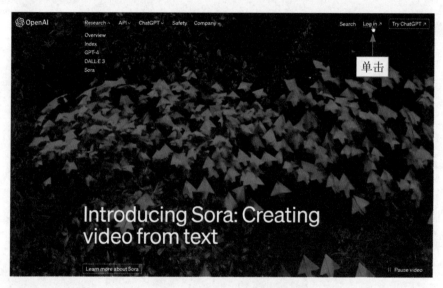

图 5-1 单击 Log in 链接

步骤 02 执行上一步操作后，进入 Welcome back（欢迎回来）页面，用户可以使用 Google 邮箱、Microsoft Account 邮箱或者 Apple 账号进行登录，没有账号的用户则可以单击"注册"链接，如图 5-2 所示。

步骤 03 执行上一步操作后，进入 Create your account（创建您的账户）页面，输入相应的电子邮件地址作为账户名称，单击"继续"按钮，如图 5-3 所示。

步骤 04 执行上一步操作后，输入相应的密码（注意密码长度至少为 12 个字符），单击"继续"按钮，如图 5-4 所示。

步骤 05 执行上一步操作后，进入 Verify your email（验证你的电子邮件）页面，系统会发送一封邮件到用户注册时输入的电子邮箱中，用户可以单击相应按钮前往邮箱进行验证，如图 5-5 所示。

图 5-2　单击"注册"链接

图 5-3　单击"继续"按钮

图 5-4　单击"继续"按钮

图 5-5　单击相应按钮

步骤 06　执行上一步操作后，进入电子邮箱，打开刚才接收到的邮件，单击 Verify email address（验证电子邮件地址）按钮，如图 5-6 所示。

步骤 07　执行上一步操作后，进入 Tell us about you（跟我们说说你）页面，输入相应的账号信息，单击 Agree（同意）按钮，如图 5-7 所示。

步骤 08　执行上一步操作后，进入"验证你是人类"页面，单击"开始拼图"按钮，如图 5-8 所示。

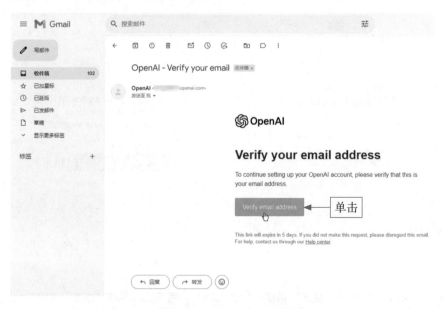

图 5-6 单击 Verify email address 按钮

图 5-7 单击 Agree 按钮　　　　图 5-8 单击"开始拼图"按钮

步骤 09 执行上一步操作后，根据提示完成拼图任务（将蓝色的车子移动到左侧图案和数字所指示的坐标位置即可），每完成一个任务后，需单击"提交"按钮确认，如图 5-9 所示。

步骤 10 完成所有拼图任务后，即可成功注册 OpenAI 账号，此时可以开始使用 OpenAI 中的相应工具，如图 5-10 所示。

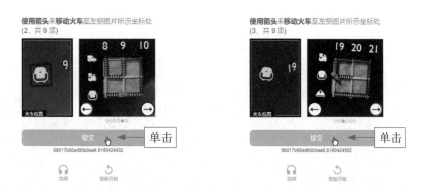

图 5-9　完成拼图任务

图 5-10　成功注册 OpenAI 账号

📢 专家提醒

　　注意，普通用户目前仅开放了 ChatGPT 和 API（Application Programming Interface，应用程序编程接口）两个功能，Sora 处于内测阶段，还没有完全开放。

5.2　快速申请 Sora 的内测资格

　　截至 2024 年 3 月 4 日，Sora 还没有公开测试，暂未开放体验，还处在内部测试阶段。目前，Sora 只向"红队成员"开放，红队是一支由安全专家组成的团队，他们模拟攻击者的行为，以评估和增强 Sora 模型的安全防御能力。大家可以通过"红队成员"的申请通道来申请 Sora 的内测资格。

Sora 还对一些艺术家、设计师和电影制作人开放，以获取他们使用 Sora 后的反馈信息，帮助平台进行相关改进。本节主要介绍申请 Sora 内测资格的操作方法。

步骤 ⑴ 进入 OpenAI 公司官网的 Sora 专题页面，单击右上角的 Search（搜索）链接，如图 5-11 所示。

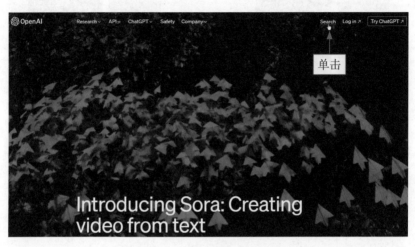

图 5-11 单击 Search 链接

步骤 ⑵ 执行上一步操作后，在弹出的搜索框中输入 apply（应用），如图 5-12 所示。

图 5-12 输入 apply

步骤 ⑶ 单击 Search 按钮，显示所有应用的搜索结果，单击 Pages（页面）标签，如图 5-13 所示。

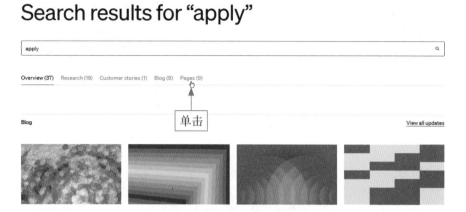

图 5-13 单击 Pages 标签

步骤 04 切换至 Pages 选项卡，在其中选择 OpenAI Red Teaming Network application（OpenAI 红队网络应用程序）选项，如图 5-14 所示。

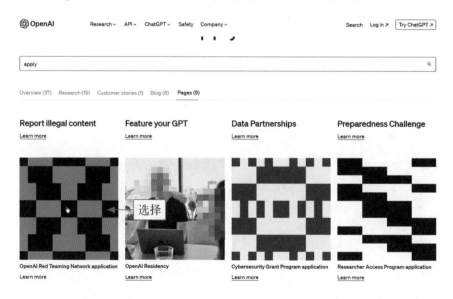

图 5-14 选择所需选项

步骤 05 执行上一步操作后，进入 OpenAI Red Teaming Network application 页面，如图 5-15 所示。在申请表单中，用户需要详细地填写一系列相关信息，这些信息不仅涵盖用户个人或公司的基本资料，更重要的是需要阐述你计划如何使用 Sora 以及预期达成的目标。

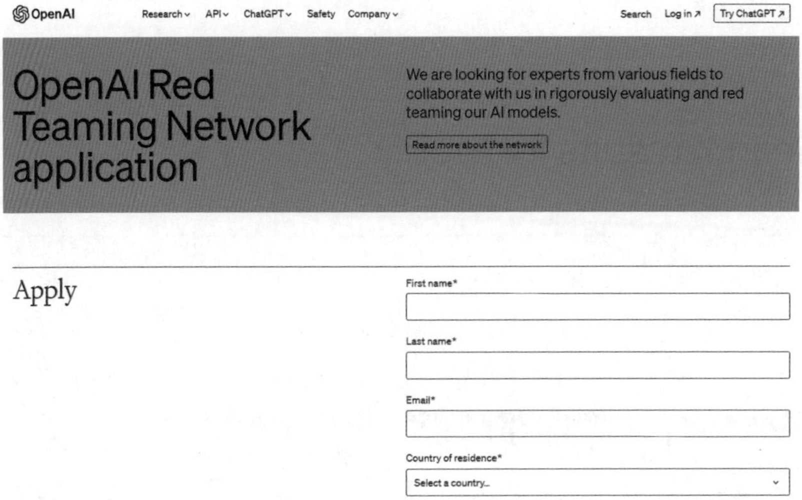

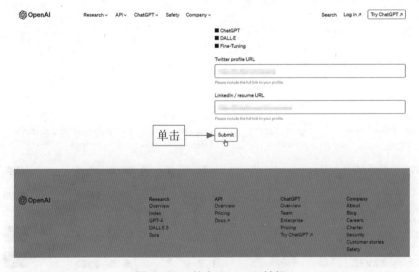

图 5-15 进入相应页面

步骤 06 用户根据提示输入相应信息、设置相应选项并上传资料后，单击底部的 Submit（提交）按钮，如图 5-16 所示，等待系统审核即可。

图 5-16 单击 Submit 按钮

📢 专家提醒

在填写申请资料时，确保所提供信息的真实性与专业性是至关重要的。OpenAI 公司更倾向于选择那些具备专业背景，且能够提供有价值反馈的个人或团队参与 Sora 内测，以期在内部测试阶段收获更具针对性的建议与反馈。

5.3 掌握文字生成视频的 5 个步骤

利用文字来创造视频，简称文生视频。Sora 最强大的功能就是它可以根据用户输入的文字描述生成一段相应的 AI 视频内容。

Sora 与剪映视频创建工具有所区别，在剪映中制作 AI 视频主要是使用"图文成片"功能，默认情况下使用的都是网络素材；而 Sora 主要是利用先进的 AI 技术，结合自然语言处理与生成算法，来理解用户输入的场景描述、故事情节以及具体的文本指令，然后生成相应的视频内容。

下面简单介绍 Sora 文生视频功能的基本操作方法。

步骤 01 访问 Sora 专题页面。成功登录 OpenAI 官网后，在 OpenAI 的官网中进入 Sora 专题页面，该页面会有一个专门的板块，用户可以在此轻松启动新项目或深入了解该工具的各项特性。

步骤 02 撰写文本描述。Sora 的核心功能在于将文字描述转化为生动视频，如图 5-17 所示，因此用户需要清晰明了地描述自己希望在视频中展示的内容，具体阐述场景、人物、动作、情感以及整体的基调。用户提供的信息越详细，Sora 就越能领会你的构想，并生成符合你预期的视频。

图 5-17 将文字描述转化为生动视频

步骤 03 自定义视频设置。根据 Sora 提供的选项，用户可以进一步自定义视频的各项设置，这可能涉及设置视频时长、选择风格或主题，以及指定分辨率或格式偏好等。

步骤 04 视频生成。完成提示词和视频设置后，即可开始生成视频，此过程可能需要一定时间，具体取决于用户请求的复杂度和视频长度。

步骤 ⑤ 下载与分享。视频制作完成后，用户可以选择将其下载到本地设备，或直接通过Sora分享至各大平台或社交媒体，具体分享方式取决于Sora提供的选项。

为了获得最佳的生成效果，用户可以尝试使用不同的文本描述，观察 Sora 如何解读你的输入，并据此优化视频。

5.4 学习图片生成视频的两个案例

利用图片来创造视频，简称图生视频。Sora 不仅可以将文字内容转化为视频画面，还可以根据用户提供的图片内容衍生出新的视频画面。

Sora 模型接收到用户输入的图片素材后，会对提供的静态图片进行特征提取，这里会使用卷积神经网络等技术来分析图像中的各种特征，如边缘、颜色、纹理等。基于提取的图像特征，Sora 会根据预定义的算法和指令生成相应的动态效果，这些效果包括图片之间的过渡效果、缩放、移动、旋转等动画效果。

生成的动态效果将被应用到视频帧中，将静态图片转化为动态视频，并根据预定义的算法和指令对每一帧进行处理，以生成相应的动态效果，生成的视频帧最终将被组合成一段完整的视频。Sora 模型将处理后的视频帧按照一定的顺序进行排列和组合，以生成最终的动态视频效果。

下面就来看一个 OpenAI 官方网站中展示的 Sora 的图生视频的相关案例。

▶ Sora 案例生成 ◀

步骤 ⑪ 向 Sora 提供图片素材，一张由字母组成的云朵图片，如图 5-18 所示。

图 5-18 由字母组成的云朵图片

生成的提示词：

> An image of a realistic cloud that spells "SORA".

步骤 ⑫ 通过 Sora 的图生视频功能生成一段动态视频，效果如图 5-19 所示。

这段视频会将字母云朵图案以动态的方式呈现出来，让云朵在屏幕上逐渐放大并消失。Sora 主要利用图像处理技术捕捉和分析图片，生成用户所需的视频内容。

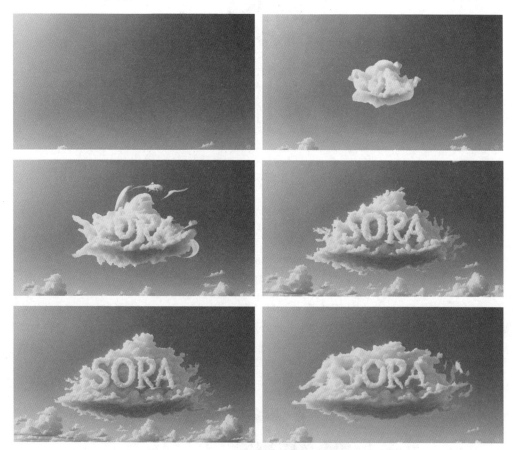

图 5-19 Sora 将图片转化为视频的效果（1）

中文大意：一个由"SORA"字母组成的逼真云朵图案。

为了展示 Sora 的动画制作能力，还选取了一张由 DALL·E 生成的插图作为示例。在 Sora 的巧手之下，插图被赋予了新的生命和活力。

接下来，看 Sora 是如何将怪物插图转化为动态视频的。由于原图采用了扁平化设计风格，这意味着在视频生成过程中，Sora 同样需要保持这种简洁、明快的视觉风格，避免过于复杂或写实的渲染效果。

▷ Sora 案例生成 ◁

步骤 01 向Sora提供图片素材，即一张扁平化设计风格的插图，如图5-20所示。

图 5-20 一张扁平化设计风格的插图

生成的提示词：

Monster Illustration in flat design style of a diverse family of monsters. The group includes a furry brown monster, a sleek black monster with antennas, a spotted green monster, and a tiny polka-dotted monster, all interacting in a playful environment.

步骤 02 通过 Sora 的图生视频功能生成一段动态视频，效果如图 5-21 所示。

根据图像内容，视频中会出现 4 个外形和颜色各异的怪物角色，且每个怪物都有其独特的动作和形态。

图 5-21 Sora 将图片转化为视频的效果（2）

图 5-21　Sora 将图片转化为视频的效果（2）（续）

中文大意：怪物插图采用平面设计风格，描绘了各种各样的怪物家族。这群怪物包括一只毛茸茸的棕色怪物、一只带天线的光滑黑色怪物、一个斑点绿色怪物和一个小圆点怪物，所有这些怪物都在一个有趣的环境中互动。

5.5　观察视频生成视频的 3 个案例

Sora 的视频生视频功能，主要是将用户上传的原始视频向前或向后扩展，以增加视频的时长。下面 3 个视频都是从视频结尾处向后扩展时间（即视频的过去）得到的，因此这些视频的开头各不相同，但最终都达到了相同的结局，相关的示例如图 5-22 ～图 5-24 所示（注意，这是视频生成视频，因此没有用到提示词）。

▷ Sora 案例生成 ◁

步骤 01 第 1 段视频分析：

视频开头的缆车在高空行驶，然后镜头突然急转直下，缆车也随之回到了地面的轨道上，并逐渐驶向城市深处（见图 5-22）。

图 5-22　第 1 段视频展示

图 5-22　第 1 段视频展示（续）

步骤 02　第 2 段视频分析：

　　视频开头的缆车同样在高空行驶，但镜头角度是从侧面拍摄的，不同于第 1 段视频的背面拍摄，然后镜头同样急转直下，缆车也随之回到了地面的轨道上，并逐渐驶向城市深处（见图 5-23）。

图 5-23　第 2 段视频展示

📢 专家提醒

　　可以看到，在整个视频的播放过程中，无论是在视频的开始、中间还是结尾，缆车上的文字都保持了高度的一致性。这种长期一致性的特点使 Sora 在生成视频时，能够保持内容的逻辑一致性和连贯性，从而提高了视频的质量和观感。

步骤 03 第 3 段视频分析：

视频开头的缆车在缓慢上升，升到城市的高空后，缆车再回到了城市地面的轨道上，并逐渐驶向城市深处（见图 5-24）。

图 5-24 第 3 段视频展示

如图 5-22～图 5-24 所示的 3 段开头各不相同的视频结尾都相同。

在 AI 视频领域，扩展视频是一个重要的功能，它可以帮助我们创造出更加丰富多彩且有趣的视频内容。Sora 提供的扩展视频功能，不仅可以让视频更加流畅自然，还可以让我们更加灵活地调整视频的时长和节奏。

通过向后扩展视频，可以让观众更加深入地了解视频中的情节和人物关系，让故事更加完整和有趣。同时，向前扩展视频（即视频的未来）也可以更好地展示视频中的某些细节和场景，让观众更加清晰地了解视频的主题和重点。

通过 Sora 的视频生视频功能，将视频向前和向后扩展，还可以制作出无缝无限循环的视频效果。这种视频扩展功能在视频编辑和动画制作中非常实用。想象一下，如果你想要一个背景循环效果或者某个特效一直重复，但又不想让观众看出明显的拼接痕迹，那么这种无缝无限循环技术就能派上用场。

Sora 通过精确控制每一帧的内容和过渡效果，可以使视频在播放时看起来像是一个永无止境的循环，不仅能够为观众带来更加沉浸式的体验，还能使视频内容更加生动和有趣。

除了用于背景或特效的循环外，这种技术还可以用于创建各种有趣的视觉效果，如动态图案、旋转的 3D 对象等。只要你能想象到，就可以通过 Sora 的无缝无限循环技术将其变为现实。

总之，Sora 的扩展视频功能为视频编辑提供了更多的可能性和灵活性，让我们可以更加自由地创造出自己喜欢的视频内容。

5.6 编辑和转换视频的风格和环境

Sora 的视频转视频编辑功能采用了一种名为 SDEdit 的扩散模型，能够实现从文本提示中编辑图像和转换视频的功能。SDEdit 扩散模型使 Sora 能够零样本地转换输入视频的样式和环境，用户只需通过文本描述自己想要的场景、氛围或风格，Sora 就能够将这些想法迅速转化为生动逼真的视频。

📢 专家提醒

这种零样本的编辑方式意味着用户无需提前提供示例视频或进行烦琐的参数调整。Sora 能够直接从文本指令中捕获用户的意图，并自动完成编辑任务。这不仅提高了编辑的效率和便捷性，还为用户提供了更具个性化和创意的视频编辑体验。

通过使用 SDEdit 扩散模型，Sora 能够接收文本指令，并据此对输入的视频进行精确且个性化的编辑。这种编辑不仅仅是简单的裁剪或添加效果，而是对视频的整体风格和环境的彻底改变。下面就来看一个案例，将一段在山间公路行驶中的汽车视频转换为不同风格的效果。首先来看视频的原片效果，如图 5-25 所示。

图 5-25 视频的原片效果

下面通过输入相应的提示词，改变视频的风格和环境，效果如图 5-26 所示。

▷ Sora 案例生成 ◁

步骤 01　输入的提示词：

Put the video in space with a rainbow road.

步骤 02　生成的视频效果：

更改视频画面的风格，将视频放在有彩虹路的太空中。

图 5-26　将视频放在有彩虹路的太空中

中文大意：将视频放在有彩虹路的太空中。

SDEdit 这种视频转视频的编辑技术，为 Sora 带来了巨大的潜力和创新性。无论是想将背景从城市街头变为宁静的乡村田野，还是希望将视频的整体色调调整为暖色调以营造温馨的氛围，SDEdit 都能帮助 Sora 轻松实现。

5.7　连接两个视频进行无缝的过渡

连接视频是指利用 Sora 的 AI 技术来实现视频内容的连接、编辑或增强，主要使用了 AI 视频插值的方法，可以将两个完全不同主题和场景构成的视频之间通过逐渐进行插值来创建无缝过渡，形成一个完整的视频。

📢 专家提醒

在实现视频插值的过程中，常常利用深度学习模型，如生成式对抗网络或变分自编码器（Variational Auto Encoder，VAE）等，这些模型可以学习视频内容的表示，并生成具有连续变化的过渡效果。这种 AI 视频插值技术的应用可以在视频编辑、电影制作、特效制作等领域发挥重要作用，为创作者提供了更多创作的可能性，同时也为观众带来了更为流畅、更具吸引力的观影体验。

下面以图解的方式来分析这种 AI 视频插值的方法，如图 5-27 所示。

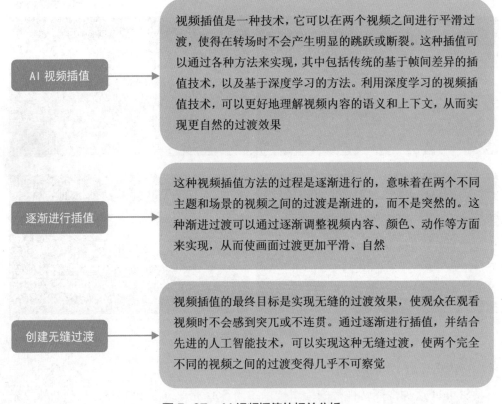

图 5-27　AI 视频插值的相关分析

📢 专家提醒

无论是将风景片段与城市风光相结合，还是将历史片段与现代场景相交融，Sora 都能帮助用户实现无缝过渡，使观众在观看过程中不会感到突兀或断裂。

相关示例如图 5-28 ～图 5-30 所示，通过在视频之间进行插值，从而将不同风格、不同主题的视频巧妙地连接在一起，创造出更加连贯和引人入胜的视觉效果。

▷ Sora 案例生成 ◁

步骤 ⓞ① 输入第 1 段视频：

在 Sora 中输入一段淘金热期间加利福尼亚州的街景镜头（见图 5-28）。

图 5-28　输入第 1 段视频

步骤 ⓞ② 输入第 2 段视频：

在 Sora 中输入一段纽约市街道的影视特效（见图 5-29）。

步骤 ⓞ③ 将两段视频进行无缝连接：

虽然这两段视频的场景和画面风格完全不同，但是利用 Sora 在两段视频之间逐渐进行插值，即可得到一段拼接连贯的视频效果（见图 5-30）。

图 5-29　输入第 2 段视频

图 5-29　输入第 2 段视频（续）

图 5-30　连接两段视频的效果

🔈 专家提醒

　　通过上述视频案例的展示，可知视频插值技术在连接视频方面具有以下 3 个特点。

❶ 过渡更加柔和。这种渐变过渡使得从一个场景到另一个场景的转变变得更加柔和，减少了突兀感和不连贯感。

❷ 保持视觉连续性。通过逐渐进行插值，最终合成的画面能够保持视觉连续性，即使在不同场景之间也能够呈现出一定的连贯性。

❸ 实现不同的视觉表现。通过调整插值的速度、方式和细节，可以实现不同的过渡效果和视觉表现，从而创作出更具创意和独特性的作品。

5.8 掌握 Sora 文字生成图像的方法

Sora 不仅具有生成视频的能力，还可以生成分辨率高达 2048×2048 的图像效果。Sora 可以从随机噪声中生成图像，而不是简单地复制或重建训练数据中的图像。Sora 生成图像的过程是通过学习到的数据分布来实现，生成的图像会呈现出与训练数据相似但又不完全相同的特征。这种生成过程不仅快速，而且具有高度灵活性，可以根据需要生成不同尺寸和分辨率的图像，相关示例如图 5-31 和图 5-32 所示。

▷ Sora 案例生成 ◁

步骤 01 输入的提示词：

A snowy mountain village with cozy cabins and a northern lights display, high detail and photorealistic dslr, 50mm f/1.2

步骤 02 生成的图像效果：

Sora 生成的一张被雪覆盖的山村摄影照片（见图 5-31）。

图 5-31　被雪覆盖的山村摄影照片

中文大意：一个白雪皑皑的村庄，有舒适的小屋和北极光显示屏，高细节和逼真的数码单反相机，焦距为 50 毫米，光圈值为 1.2。

▷ Sora 案例生成 ◁

步骤 ① 输入的提示词：

Vibrant coral reef teeming with colorful fish and sea creatures。

步骤 ② 生成的图像效果：

Sora 生成的一张充满了五颜六色的鱼类和海洋生物的图像效果（见图 5-32）。

图 5-32 鱼类和海洋生物的图像

中文大意： 充满活力的珊瑚礁充满了五颜六色的鱼类和海洋生物。

本章小结

本章主要介绍了注册 OpenAI 账号与申请 Sora 内测资格的方法，然后详细讲解了 Sora 的核心功能，如文字生成视频、图片生成视频、视频生成视频、转换视频风格、连接两个视频以及文字生成图像等。通过对本章内容的学习，读者可以熟练掌握 Sora 的核心功能，快速生成出满意的视频与图像作品。

课后习题

鉴于本章知识的重要性，为了让大家能够更好地掌握所学知识，下面将通过课后习题进行简单的知识回顾和补充。

（1）请简述 Sora 中文字生成视频的 5 个步骤。

（2）请简述 Sora 中图片生成视频的方法。

课后习题 1　　　　课后习题 2

第 6 章 10 个案例，迅速掌握 Sora 亮点

学习提示

　　Sora 可以根据用户的提示词生成各种动画、纸艺、动物、人物、电影、特写以及特效类的 AI 视频效果，细节丰富，画面流畅、自然、真实。本章将向读者分析 Sora 官方网站中展示出来的 AI 视频案例，对画面的效果与提示词进行相关分析，让大家对 Sora 的功能有进一步的了解。

6.1 Sora 生成的动画类 AI 视频

Sora 可以生成动画类的 AI 视频，不仅能够为观众带来娱乐和放松的体验，还具有教育和启发、品牌推广和营销、情感沟通、技术展示等多重意义，是一种具有潜力和前景的内容形式。

相比传统的动画制作，Sora 的 AI 技术可以加速动画的制作过程，减少了烦琐的手工绘制和动作制作环节，节省了大量的时间和人力成本，提高了制作效率，使动画制作更加经济实惠，相关示例如图 6-1 所示。

▷ Sora 案例生成 ◁

步骤 01 输入的提示词：

> Animated scene features a close-up of a short fluffy monster kneeling beside a melting red candle. The art style is 3D and realistic, with a focus on lighting and texture. The mood of the painting is one of wonder and curiosity, as the monster gazes at the flame with wide eyes and open mouth. Its pose and expression convey a sense of innocence and playfulness, as if it is exploring the world around it for the first time. The use of warm colors and dramatic lighting further enhances the cozy atmosphere of the image.

步骤 02 生成的视频效果：

这是 OpenAI 官方网站中展示的一段 3D 动画场景的特写视频，Sora
根据用户输入的提示词，生成了一段独一无二的动画效果。

图 6-1　一段 3D 动画场景的特写镜头

图 6-1 一段 3D 动画场景的特写镜头（续）

中文大意： 动画场景呈现了一个特写镜头，一个矮矮的、毛发蓬松的怪物跪在一个点燃的红色蜡烛旁边。艺术风格是 3D 和逼真的，侧重于灯光和纹理。画面的情绪是充满了好奇和惊奇，怪物睁大眼睛，张开嘴巴凝视着火焰。它的姿势和表情传达出一种天真无邪和好奇心，好像它是第一次探索周围的世界。温暖的色彩和戏剧性的光线进一步增强了图像的温馨氛围。

下面对 Sora 生成的这段 3D 动画场景的提示词进行相关分析。

❶ 怪物。怪物是场景的主体之一，它呈现出矮矮的、毛发蓬松的外观，具有可爱的形象，画面突出了怪物的特征，如毛发、眼睛等，以强调角色在场景中的重要性。

❷ 蜡烛。蜡烛是场景中的焦点之一，它被描述为红色的并正在熔化，画面突出了蜡烛的熔化过程，以及火焰的光芒，为画面增添了一种温暖和舒适的氛围。

❸ 艺术风格。画面采用了 3D 和逼真的艺术风格，注重细节、灯光和纹理的表现，这种风格能为画面带来高度逼真的效果，增强了观众的沉浸感和观影体验。

❹ 情绪。画面的情绪是充满了好奇和惊奇，怪物的表情和姿势传达出天真无邪和好奇心，温暖的色彩和戏剧性的光线进一步增强了画面的情绪效果，使观众能够更好地感受到场景中所传达的情感。

综上所述，这段视频的画面效果呈现出了一个充满温暖和惊奇的场景，突出了怪物和蜡烛的形象，以及艺术风格的逼真表现和情绪的传达。

◀ 专家提醒

Sora 的 AI 技术可以生成各种创意丰富、多样性的动画内容，拓展了动画创作的想象空间。Sora 的 AI 视频制作可以应用不同的算法和模型，生成不同风格和类型的动画，满足不同观众的需求和喜好。

6.2 Sora 生成的纸艺类 AI 视频

纸艺类的 AI 视频效果可以模拟纸张的质感、折叠、撕裂等特性，为视频带来独特的创意表现，使其在视觉上更加吸引人。运用 AI 技术在视频中实现纸艺效果，可以赋予视频更多的艺术感和美感，吸引观众的注意力，增强观赏性。

在教育领域或演示中，纸艺类的 AI 视频效果可以用于图解和演示概念，使内容更加清晰易懂，可以提升教学效果和演示效果，相关示例如图 6-2 所示。

📢 **专家提醒**

纸艺类的 AI 视频效果往往能够触发观众的情感共鸣，通过对纸张的变换、动态和形态的呈现，可以唤起观众的回忆或情感，使视频更具有感染力和影响力。对于艺术创作者来说，纸艺类的 AI 视频效果可以成为创作的一种新形式，为艺术作品带来更多可能性和表现形式，拓展艺术创作的领域和边界。

▶ Sora 案例生成 ◀

步骤 01 输入的提示词：

A gorgeously rendered papercraft world of a coral reef, rife with colorful fish and sea creatures.

步骤 02 生成的视频效果：

这是 OpenAI 官方网站中展示的一段纸艺类的视频效果，可以为视频带来独特的视觉效果和创意表现。

图 6-2 一个渲染华丽的珊瑚礁纸艺世界

图 6-2 一个渲染华丽的珊瑚礁纸艺世界（续）

中文大意： 一个渲染华丽的珊瑚礁纸艺世界，充满了色彩缤纷的鱼类和海洋生物。

下面对 Sora 生成的这段 AI 视频效果的提示词进行相关分析。

❶ 珊瑚礁。视频的主题场景是一片珊瑚礁，画面中会出现珊瑚的形态、颜色以及珊瑚礁的整体氛围，这种场景会呈现出一种美丽而神秘的海底景象。

❷ 纸艺世界。画面采用了纸艺风格的渲染，让整个场景看起来像是由纸艺材料制成的，能给观众带来一种独特的手工制作的感觉。

❸ 色彩缤纷的鱼类和海洋生物。视频中会出现各种形态各异、色彩绚丽的鱼类和其他海洋生物，这些生物会在珊瑚礁周围游动，使整个画面更加生动有趣。

❹ 渲染华丽。画面采用了高品质的渲染技术，呈现出精美细腻的效果，具有丰富的细节、逼真的色彩和流畅的动画，使观众能够沉浸在这个纸艺世界的奇思妙想之中。

综上所述，这段 20 秒的 Sora 生成的 AI 视频画面效果会展现出一片渲染华丽的纸艺世界，包括珊瑚礁、五彩斑斓的鱼类和其他海洋生物，能给观众带来一场视觉盛宴。

6.3 Sora 生成的动物类 AI 视频

Sora 可以生成各种可爱的动物类视频，包括小巧的动物或体积庞大的动物。动物类 AI 视频主要有以下 4 个作用。

❶ 展示动物的生活习性、行为特点和生存技巧，用于教育和启发观众，帮助观众更加了解和关注动物世界。

❷ 一些动物类视频可以用于环保宣传，呼吁人们关注动物、生态的保护问题，引发社会关注和行动。

❸ 通过展示动物之间的友爱、互助和奇妙的互动，这些视频可以传播正能量，

促进人与自然的和谐共生。

④ 动物类的视频具有乐趣，能够为观众带来欢乐和放松，缓解压力和疲劳。相关示例如图 6-3 所示。

▷ Sora 案例生成 ◁

步骤 ⓪1 输入的提示词：

A Samoyed and a Golden Retriever dog are playfully romping through a futuristic neon city at night. The neon lights emitted from the nearby buildings glistens off of their fur.

步骤 ⓪2 生成的视频效果：

这是 Sora 生成的一段动物类 AI 视频效果。

图 6-3 动物类 AI 视频效果

中文大意： 夜间，一只萨摩耶犬和一只金毛猎犬正在一座未来派的霓虹灯城市中顽皮地嬉戏。附近建筑物发出的霓虹灯光照在它们的皮毛上闪闪发光。

下面对 Sora 生成的这段 AI 视频效果的提示词进行相关分析。

① 夜间。视频场景发生在夜晚，暗调的画面营造出了夜晚的氛围，采用了一些蓝色、绿色和暖色调来表现夜晚的光线和氛围。

② 未来派。城市具有未来主题，呈现出高科技、现代感强烈的建筑和道路设计，

出现了一些未来的科技元素。

❸ 霓虹灯。视频中的建筑物发出霓虹灯光，呈现出五彩缤纷的霓虹灯效果，为画面增添了活力和梦幻感。

❹ 两只狗狗。一只是萨摩耶犬，另一只是金毛猎犬，它们在画面中活泼地奔跑和嬉戏，表现出了欢快和活力的情感。

❺ 光线反射。狗狗的毛发上反射着周围建筑物上霓虹灯发出的光，呈现出了毛发微微发光的效果，增加了画面的细节和视觉吸引力。

综上所述，这段视频的画面效果是在一个未来主题城市的夜间，两只狗狗在奔跑嬉戏，周围的霓虹灯光照耀着它们的毛发，营造出一种梦幻和活力的氛围。

6.4 Sora 生成的人物类 AI 视频

Sora 的 AI 技术可以生成各种各样的人物类视频，涵盖不同题材、风格和表现形式，内容丰富，能满足用户对于不同类型的人物和情境的多样化需求。

在影视制作和娱乐产业中，人物类的 AI 视频效果可以用于创作特效和虚拟人物，从而创造出更加引人入胜的影视作品和娱乐内容，相关示例如图 6-4 所示。

▸ Sora 案例生成 ◂

步骤 01 输入的提示词：

A woman wearing blue jeans and a white T-shirt, taking a pleasant stroll in Antarctica during a winter storm.

步骤 02 生成的视频效果：

这是 Sora 生成的一段人物类 AI 视频效果。

图 6-4 人物类 AI 视频效果

图 6-4 人物类 AI 视频效果（续）

中文大意: 一位穿着蓝色牛仔裤和白色 T 恤的女士，在南极洲的冬季暴风雪中愉快地漫步。

下面对 Sora 生成的这段 AI 视频效果的提示词进行相关分析。

❶ 南极洲。画面呈现出了辽阔的极地环境，有冰山、冰雪覆盖的地表元素。

❷ 冬季暴风雪。可以看到大风呼啸，天空灰蒙蒙的，人物的帽子和围巾上还有飘落的雪花。

❸ 穿着蓝色牛仔裤和白色 T 恤的女士。画面中人物的穿着鲜明突出，与周围的环境形成了对比。

❹ 愉快地漫步。尽管环境恶劣，但女性角色的表情和姿态表现出了轻松和愉快，脸上还带着微笑，表情很放松，步伐很轻快。

综上所述，这段视频是在极地环境中，风雪交加，但女主角依然愉快地漫步，她穿着醒目的蓝色牛仔裤和白色 T 恤，与周围的环境形成了强烈对比，突出了她的乐观和坚韧。

6.5 Sora 生成的电影类 AI 视频

Sora 可以生成电影类 AI 视频或者预告片，能够为观众提供丰富多彩的娱乐体验，通过吸引人的剧情和精彩的画面展示，带给观众欢乐和乐趣。

相比传统的电影，Sora 生成的电影可以在较短的时间内完成，而传统电影预告片的制作周期较长，因此 AI 视频具有更高的制作效率，并且成本相对较低，不需要大量的人力、物力和时间投入，因此可以更经济、高效地实现影视内容的制作和传播，相关示例如图 6-5 所示。

▷ Sora 案例生成 ◁

步骤 ① 输入的提示词：

The story of a robot's life in a cyberpunk setting.

步骤 ② 生成的视频效果：

这是 Sora 生成的一段电影类 AI 视频效果。

图 6-5　电影类 AI 视频效果

中文大意： 一个机器人在赛博朋克环境中的生活故事。

下面对 Sora 生成的这段 AI 视频效果的提示词进行相关分析。

❶ 赛博朋克环境。画面呈现出充满未来感的城市景观，包括高楼大厦、霓虹灯、科技感强烈的装饰等，采用冷色调和暗调来突出未来世界的神秘感。

❷ 机器人。画面展现了机器人在赛博朋克世界中的日常生活，包括它的工作场景、生活场景等，机器人的外观也较为突出，具有金属质感和高科技装饰。

❸ 科技感和未来感。画面中有许多科技元素，如飞行汽车、宇宙飞船等，以突出赛博朋克世界的高科技特征，通过特效处理来营造未来世界的虚拟感。

综上所述，这段视频的画面是一个充满未来科技感的赛博朋克世界，展现了机器人在其中的生活和经历，通过画面元素和特殊色调来营造吸引人的氛围。

6.6　Sora 生成的航拍类 AI 视频

Sora 可以生成航拍类的 AI 视频，能够展示出大范围的景观和环境，包括自然风光、城市建筑等，为观众呈现出全新的视角和视野，增强了观众对于地理环境的了解和感知，还可以用于旅游宣传和地产推广，展示出目的地的美景和特色，吸引游客和投资者的关注，促进旅游和地产行业的发展，相关示例如图 6-6 所示。

使用 Sora 制作航拍类 AI 视频比实际使用无人机进行拍摄成本更低，而且能够在更短的时间内完成。使用无人机航拍需要额外的人力、设备和时间，来准备、飞行和拍摄，而 AI 视频则可以在计算机上使用 AI 技术来模拟航拍效果，不需要实际的物理操作，而且不受地理位置、天气和设备限制，可以随时随地进行。

另外，使用 Sora 制作航拍类 AI 视频不涉及无人机的实际飞行操作，因此更加安全可靠，不存在任何飞行风险和安全隐患。

▷ Sora 案例生成 ◁

步骤 01 输入的提示词：

Drone view of waves crashing against the rugged cliffs along Big Sur's garay point beach. The crashing blue waters create white-tipped waves, while the golden light of the setting sun illuminates the rocky shore. A small island with a lighthouse sits in the distance, and green shrubbery covers the cliff's edge. The steep drop from the road down to the beach is a dramatic feat, with the cliff's edges jutting out over the sea. This is a view that captures the raw beauty of the coast and the rugged landscape of the Pacific Coast Highway.

步骤 02 生成的视频效果：

这是 OpenAI 公司官方网站中展示的一段航拍类 AI 视频效果，视频中以高空俯瞰的角度展现了大苏尔加雷角海滩，让观众欣赏到了海浪拍打在崎岖悬崖上的壮丽景象，视频画面流畅、自然，真实感强。

图 6-6 航拍类 AI 视频效果

中文大意： 无人机拍摄的海浪拍打大苏尔加雷角海滩崎岖悬崖的景象。蔚蓝的海水激起白色的波浪，夕阳的金色光芒照亮了岩石海岸。远处有一座小岛，岛上有一座灯塔，悬崖边长满了绿色的灌木丛。从公路到海滩的陡峭落差是一项戏剧性的壮举，悬崖边缘伸出海面。这一景观捕捉到了海岸的原始之美和太平洋海岸公路的崎岖景观。

下面对 Sora 生成的这段 AI 视频效果进行相关分析。

❶ 模拟无人机拍摄。航拍的画面具有独特的俯视角度，场景恢宏大气，可以展现出地面上不同的景象和结构，从而呈现出人们平时难以获得的视角和景象。

❷ 景深感。通过模拟无人机的俯拍视角，展现出远近景物的明显区别，让观众感受到了悬崖、海浪和小岛的远近关系，增强了画面的立体感和景深感。

❸ 色彩对比。突出了海浪的蓝色与白色泡沫的对比，以及夕阳下的金色光芒照射在岩石上的美丽景色，营造出了色彩丰富、生动鲜明的画面效果。

❹ 自然元素。突出了海浪、悬崖、岩石海岸线、小岛与灯塔，以及悬崖上覆盖的绿色灌木丛等自然元素，突出了大自然的原始美和壮观景象。

综上所述，Sora 生成的这段视频的效果主要通过模拟无人机拍摄、景深感、色彩对比以及自然元素等方面，展现出大苏尔加雷角海滩的壮丽景象，吸引了观众的眼球。

6.7 Sora 生成的特写类 AI 视频

　　Sora 可以生成特写类的 AI 视频，通过特写镜头可以聚焦于人物、动物或物体的细节部分，展示其细腻的纹理、表情或动作，使观众更加关注和感受到画面中的细节之美，通过捕捉到人物或动物的微表情、眼神和情感变化，更加生动地表达人物或动物的内心世界，增强了情感共鸣和情感表达效果，相关示例如图 6-7 所示。

　　相比于实拍的特写画面，使用 Sora 制作特写类 AI 视频，可以更灵活地控制画面的细节和表现形式，可以根据需要调整特写镜头的焦距、角度和运动，更好地突出画面中的关键元素，避免了实拍时可能出现的镜头晃动、光线变化等问题，使画面更加清晰和稳定，并且具有更高的制作效率和成本效益，适用于一些预算有限或时间紧迫的项目。

▶ Sora 案例生成 ◀

步骤 01 输入的提示词：

　　This close-up shot of a Victoria crowned pigeon showcases its striking blue plumage and red chest. Its crest is made of delicate, lacy feathers, while its eye is a striking red color. The bird's head is tilted slightly to the side, giving the impression of it looking regal and majestic. The background is blurred, drawing attention to the bird's striking appearance.

步骤 02 生成的视频效果：

　　这是 Sora 生成的一段特写类 AI 视频效果。

图 6-7　特写类 AI 视频效果

中文大意： 这张维多利亚冠鸽的特写镜头展示了它引人注目的蓝色羽毛和红色胸部。它的冠是由精致的花边羽毛制成的，而它的眼睛是醒目的红色。这只鸟的头微微向一侧倾斜，给人的印象是它看起来像帝王，很威严。背景是模糊的，这只鸟引人注目的外表引起了人们的注意。

6.8 Sora 生成的特效类 AI 视频

Sora 可以生成特效与创意类的 AI 视频，能够展现出各种富有创意和想象力的视频内容，包括独特的故事情节、奇特的角色设计、惊人的视觉效果等。Sora 借助先进的 AI 技术手段和算法，可以实现各种特效类的视频效果，展示出 AI 技术在特效类视频制作领域的应用，相关示例如图 6-8 所示。

▷ Sora 案例生成 ◁

步骤 01 输入的提示词：

A giant, towering cloud in the shape of a man looms over the earth. The cloud man shoots lighting bolts down to the earth.

步骤 02 生成的视频效果：

这是 Sora 生成的一段特效类 AI 视频效果。

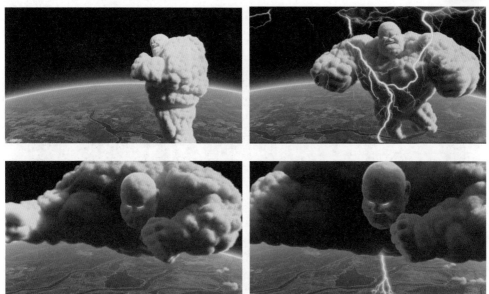

图 6-8 特效类 AI 视频效果

中文大意：一朵巨大、高耸的人形云笼罩着大地。云人向大地射出闪电。

> 📢 专家提醒
>
> 　　使用 Sora 制作特效类 AI 视频，具有较高的自动化处理能力，可以实现自动化剪辑、特效添加等功能，大大减少了人工编辑的工作量和成本，提高了制作效率，能够更好地满足用户的需求。

6.9　Sora 生成的建筑类 AI 视频

　　Sora 可以将建筑设计方案转化为逼真的三维动画，帮助设计师和客户更好地理解建筑设计，从而进行更有效的沟通和决策。利用 Sora 可以快速生成高质量的建筑视频效果，可用于市场营销和宣传，帮助开发商吸引客户，提高项目的曝光度和吸引力，相关示例如图 6-9 所示。

▶ Sora 案例生成 ◀

步骤 ① 输入的提示词：

Tour of an art gallery with many beautiful works of art in different styles.

步骤 ② 生成的视频效果：

这是 Sora 生成的一段室内建筑类 AI 视频效果。

图 6-9　室内建筑类 AI 视频效果

图 6-9 室内建筑类 AI 视频效果（续）

中文大意：参观一个拥有多种不同风格的美丽艺术作品的艺术画廊。

📢 专家提醒

通过 Sora 生成的建筑类视频效果，可以生动展示建筑设计的外观、结构、功能等特点，帮助观众更直观地了解建筑项目的特点和优势。

6.10 Sora 生成的定格动画类 AI 视频

Sora 可以帮助用户快速生成各种样式和风格的定格动画，为创作者提供更多的创作灵感和可能性，促进创造力的发挥。传统的定格动画拍摄需要设置场景、拍摄开花过程以及后期处理等，而使用 Sora 制作这种定格动画类 AI 视频，可以大大缩短制作时间和减少成本。而且，Sora 可以根据用户的需求定制花朵的形态、颜色、生长速度等，从而实现更加个性化的效果，相关示例如图 6-10 所示。

▷ Sora 案例生成 ◁

步骤 01 输入的提示词：

A stop motion animation of a flower growing out of the windowsill of a suburban house.

步骤 02 生成的视频效果：

这是 Sora 生成的一段定格动画类 AI 视频效果。

图 6-10 定格动画类 AI 视频效果

中文大意：一个郊区房屋窗台上的定格动画，描述一朵花在窗台上长出的过程。

📢 专家提醒

由于提示词中指定的是定格动画，因此画面会呈现出一帧帧的静止图像，每一帧之间会有微小的变化，通过连续播放这些静止图像来模拟花朵生长的过程。在定格动画中，每一帧的细节处理至关重要，如花苗的生长速度、花瓣的绽放顺序等，以增加画面的逼真感和观赏性。

本章小结

本章通过 10 个案例，详细介绍了 Sora 生成的 10 类 AI 视频效果，包括动画类、纸艺类、动物类、人物类、电影类、航拍类、特写类、特效类、建筑类以及定格动画类等。通过对本章内容的学习，读者对 Sora 生成的视频类型有一定的了解，从而更深入地了解和掌握相关的视频生成技术。

课后习题

鉴于本章知识的重要性，为了让大家能够更好地掌握所学知识，下面将通过课后习题进行简单的知识回顾和补充。

（1）请简述 Sora 生成的动画类视频效果有哪些意义和作用。

（2）请简述 Sora 生成的动物类视频效果有哪些作用。

课后习题 1　　　　**课后习题 2**

第 7 章 10 个技巧，创作 Sora 脚本文案

学习提示

　　通过前面几章的学习，了解到只有输入精准的提示词或脚本内容，才能让 Sora 生成理想的视频效果。脚本的作用与电影中的剧本类似，不仅可以用来确定故事的发展方向，还可以提高 Sora 生成短视频的效率和质量。为此，本章主要对 Sora 的脚本创作进行详细讲解，让大家对其有一定的了解。

7.1 了解脚本文案的两个作用

要想使用 Sora 制作出精彩的视频画面，首先需要非常详细的脚本文案，即提示词。视频脚本主要用于指导 Sora 生成理想的视频内容，从而提高工作效率，并保证 AI 视频的质量。图 7-1 所示为视频脚本的作用。

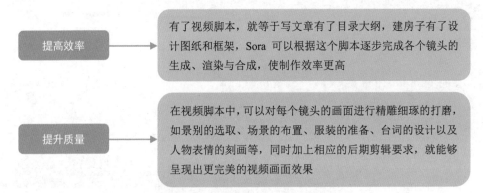

图 7-1　Sora 脚本文案的两个作用

7.2 编写视频脚本的 5 个步骤

正式开始创作视频脚本前，需要做一些前期准备，将视频画面的整体思路确定好，同时制定一个基本的创作流程。图 7-2 所示为编写视频脚本的基本流程。

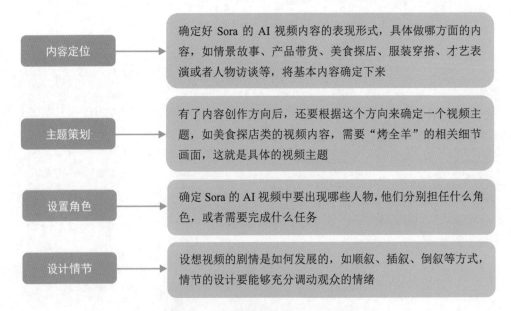

图 7-2　编写视频脚本的 5 个步骤

| 运用影调 | 在视频中表达不同的情绪时，可以运用影调来增加情绪的氛围感，如搞笑的画面可以搭配暖色调 |

图 7-2 编写视频脚本的 5 个步骤（续）

7.3 优化视频脚本的 4 个方法

脚本是短视频立足的根基，当然，短视频脚本不同于微电影或者电视剧的剧本，用户不用写太多复杂多变的镜头景别，而应该多安排一些反转、反差或者充满悬疑的情节来勾起观众的兴趣。同时，短视频的节奏很快，信息点很密集，因此每个镜头的内容都要在脚本中交代清楚。下面介绍短视频脚本的 4 个优化技巧，帮助大家做出更优质的脚本。

1．站在观众的角度思考

要想用 Sora 做出真正优质的短视频作品，用户需要站在观众的角度去思考脚本内容的策划。比如，观众喜欢看什么东西，当前哪些内容比较受观众的欢迎，什么样的视频让观众看着更有感觉等。

2．设置冲突和转折的剧情

在策划短视频脚本时，用户可以设计一些反差感强烈的转折场景，通过这种高低落差的安排，能够形成十分明显的对比效果，为短视频带来新意，同时也为观众带来更多笑点。短视频中的冲突和转折能够让观众产生惊喜感，同时对剧情的印象更加深刻，刺激他们去点赞和转发。

3．搜集优质视频进行模仿

短视频的灵感来源，除了靠自身的创意想法外，用户也可以多收集一些热梗，这些热梗通常自带流量和话题属性，能够吸引大量观众的点赞。

用户可以将短视频的点赞量、评论量、转发量作为筛选依据，找到并下载抖音、快手等短视频平台上的热门视频，然后进行模仿，在 Sora 中以文生视频，让 Sora 生成类似的视频效果，通过模仿轻松打造出属于自己的优质短视频作品。

4．模仿精彩的影视片段

如果用户在策划短视频的脚本内容时，很难找到创意，也可以去翻拍和改编一些经典的影视作品。用户在寻找视频素材时，可以去猫眼平台上找到各类影片排行榜（见图 7-3），将排名靠前的影片都列出来，然后去其中搜寻经典的片段，包括某个画面、台词、人物造型等内容，都可以将其用到自己的短视频脚本内容中。

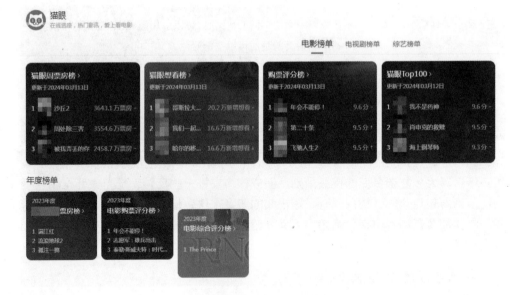

图7-3 猫眼影片排行榜

7.4 编写详细的视频画面元素

在使用 Sora 文生视频时，编写明确且具体的脚本文案对于生成符合预期的视频内容至关重要。为了确保 Sora 能够准确捕捉你的意图并生成相应的视频，需要在脚本文案中明确描述自己想要的视频元素，如人物、动作、环境等，相关示例如图 7-4 所示。

▷ Sora 案例生成 ◁

步骤 01 输入的提示词：

Extreme close up of a 24 year old woman's eye blinking, standing in Marrakech during magic hour, cinematic film shot in 70mm, depth of field, vivid colors, cinematic.

步骤 02 生成的视频效果：

这是 Sora 生成的一位 24 岁女性眨眼的极端特写视频效果。

中文大意：一位 24 岁女性眨眼的极端特写，在魔法时刻站在马拉喀什，采用 70 毫米电影胶片拍摄，景深，色彩鲜艳，具有电影感。

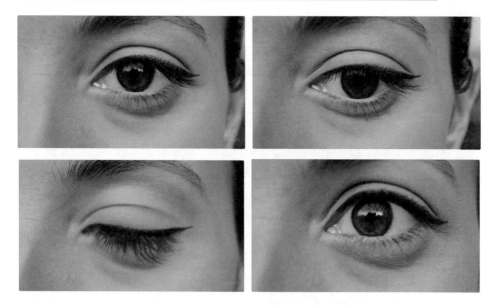

图 7-4 一位 24 岁女性眨眼的极端特写

在图 7-4 所示视频的提示词中，成功地构建了一个特写镜头的场景"一位 24 岁女性眨眼的极端特写"，这样的描述为 Sora 提供了足够明确的信息，从而让它生成符合脚本文案预期的视频内容，下面是关于这段提示词的分析。

❶ 极端特写。视频选择了极端特写镜头，将焦点集中在女性的眼睛上，突出了眼睛细节，增强了观众对眼睛的注意力，使画面更加生动，更具有张力。

❷ 魔法时刻。提示词中提到了"魔法时刻"，这种时刻通常指日出或日落时分，光线柔和而温暖，营造出一种梦幻般的氛围，增强了画面的情感和神秘感。

❸ 70 毫米电影胶片拍摄。这样的画面具有更高的画质和清晰度，以及更加真实的质感，使画面更加细腻和逼真，增强了视觉冲击力和观赏性。

❹ 景深和色彩。提示词中提到了"景深"和"色彩鲜艳"，这种效果可以使画面更加立体和丰富，同时增强了色彩的饱满度和对比度，使画面更有吸引力。

❺ 电影感。提示词中提到了"具有电影感"，这意味着视频的画面效果具有一种电影般的质感和品质，包括细腻的纹理、丰富的色彩和高质量的画面呈现，使画面更加富有艺术感。

综上所述，这段视频呈现出了一幅生动、精致和具有电影感的画面效果，能够吸引观众的注意力，引发观众的情感共鸣，增强了观影体验的质量。

7.5 描述详细的视频场景细节

在 Sora 的提示词描述中，应尽可能地详细描述场景的每个细节，包括角色、场景、颜色、光线、纹理等。例如，如果需要 Sora 生成一段关于儿童动画的视频效果，相关的视频脚本文案示例如图 7-5 所示。

▷ Sora 案例生成 ◁

步骤 01 输入的提示词：

> 　　3D animation of a small, round, fluffy creature with big, expressive eyes explores a vibrant, enchanted forest. The creature, a whimsical blend of a rabbit and a squirrel, has soft blue fur and a bushy, striped tail. It hops along a sparkling stream, its eyes wide with wonder. The forest is alive with magical elements: flowers that glow and change colors, trees with leaves in shades of purple and silver, and small floating lights that resemble fireflies. The creature stops to interact playfully with a group of tiny, fairy-like beings dancing around a mushroom ring. The creature looks up in awe at a large, glowing tree that seems to be the heart of the forest.

步骤 02 生成的视频效果：

　　这是 Sora 生成的一段可爱的小动物在探索森林时的视频效果。

图 7-5　可爱的小动物在探索森林

> 　　**中文大意**：一个小而圆、毛茸茸的生物，它有着大大的、富有表情的眼睛，正在探索一个充满活力的、魔幻的森林。这个生物是兔子和松鼠的奇妙混合体，它有着柔软的蓝色毛发和一条蓬松的条纹尾巴。它在一个波光粼粼的小溪边跳跃着，眼睛里充满了惊奇。森林里充满了神奇的元素：发光并变换颜色的花朵，带有紫色和

银色叶子的树木，以及小小的飘浮着的光点，看起来像萤火虫。这个生物停下来与一群围绕着蘑菇圈跳舞的小仙女般的生物进行了有趣的互动。它惊叹地抬头看着一棵巨大的、发光的树，那似乎是森林的心脏。

下面对 Sora 生成的这段 AI 视频效果的提示词进行相关分析。

❶ 角色设计。视频中的主角是一个小而圆的、毛茸茸的生物，它具有大而富有表情的眼睛，呈现出可爱和温馨的形象，这种角色设计能吸引人们的注意力。

❷ 场景设计。视频中的场景是一个充满活力和魔幻的森林，包括波光粼粼的小溪、发光变色的花朵、紫色和银色叶子的树木以及飘浮的光点，营造出了神秘而迷人的氛围，这种场景设计丰富多彩，充满了想象力和创意。

❸ 色彩运用。视频中运用了丰富的色彩，包括蓝色、紫色、银色等，营造出了梦幻般的视觉效果，色彩的运用使画面更加生动和吸引人，增强了观众的视觉体验。

❹ 细节表现。视频中通过细致的细节表现，如树叶的颜色、光点的飘浮等，使画面更加丰富和立体，这些细节的表现增加了画面的真实感和情感表达，使观众更容易沉浸其中。

❺ 情感表达。视频通过角色的表情和动作，以及场景的布置和设计，表达了惊奇、好奇、喜悦等丰富的情感，这种情感表达使观众更容易与视频产生共鸣，增强了观影体验的深度和广度。

综上所述，这段视频通过角色设计、场景设计、色彩运用、细节表现和情感表达等方面的处理，呈现出一幅充满想象力和创意、色彩鲜艳、情感丰富的画面效果，为观众带来了视觉和情感上的享受。

7.6 使用极具创造性的提示词

Sora 鼓励用户发挥创造力，在脚本文案中尝试新的组合和创意，激发 Sora 的想象力，生成非常有趣的视频效果，相关示例如图 7-6 所示。从图 7-6 中可以看到，这段脚本文案充满了创意和想象力，鼓励 Sora 探索一个全新且非传统的场景。

▶ Sora 案例生成 ◀

步骤 01 输入的提示词：

In an ornate, historical hall, a massive tidal wave peaks and begins to crash. Two surfers, seizing the moment, skillfully navigate the face of the wave.

步骤 02 生成的视频效果：

这是 Sora 生成的一段冲浪者在历史大厅中驾驭巨浪的视频效果。

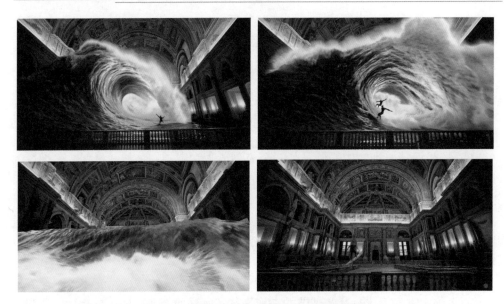

图7-6　两名冲浪者在历史大厅中驾驭巨浪

> **中文大意:** 在一座华丽的历史大厅里,巨大的浪潮达到顶峰并开始崩塌。两名冲浪者抓住时机,熟练地驾驭海浪。

下面对 Sora 生成的这段 AI 视频效果的提示词进行相关分析。

❶ 创意融合。提示词成功地将两个截然不同的元素("一座华丽的历史大厅"与"巨大的潮汐、冲浪者")结合在一起,这种创意的融合为模型提供了一个广阔的想象空间,使生成的视频内容可能既奇特又引人入胜。

❷ 场景设定。浪潮的巨大规模和威力在历史大厅中展现出来,形成了一幅壮观的景象,巨大的海浪顶峰和翻滚的浪花给人以震撼和惊叹之感。

❸ 对比冲突。画面中华丽的历史大厅与巨大的浪潮形成了强烈的对比冲突,突出了不同元素之间的反差,增加了视觉冲击力。

❹ 动态运动。两名冲浪者在浪潮中的运动形态为画面注入了动感和活力,他们技艺娴熟地操控冲浪板,穿梭于海浪之间,给人以挑战自然、勇敢无畏的印象。

其实,这样的提示词对于 Sora 来说是一个挑战,因为它需要在理解并融合多个不同元素的同时,还要保持逻辑和视觉的一致性。然而,这种挑战也为 Sora 提供了发挥创造力的机会,鼓励它生成更加独特和有趣的视频内容。

7.7　构思有趣的角色和故事情节

在编写 Sora 的脚本文案时,用户可以构思一些引人入胜的角色和情节。一个吸引人的视频往往围绕着有趣、独特且情感丰富的角色展开,这些角色在精心设计的情节中展现出各自的魅力和故事,相关示例如图7-7所示。

▷ Sora 案例生成 ◁

步骤 01 输入的提示词：

The camera is directly facing the colorful buildings on the island of Burano, Italy. An adorable Dalmatian is peeking out through a window on the ground floor of a building. Many people are walking along the canal streets in front of the buildings.

步骤 02 生成的视频效果：

这是 Sora 生成的一段有关斑点狗的视频效果。

图 7-7　一段有关斑点狗的视频

中文大意: 相机正对意大利布拉诺岛色彩缤纷的建筑。一只可爱的达尔马提犬（也称斑点狗）透过一楼建筑的窗户向外张望。许多人沿着建筑物前的运河街道步行。

从图 7-7 可以看到，这段脚本文案构思了一个在意大利布拉诺岛的生动场景，其中包含了吸引人的角色和情节，相关分析如下。

❶ 在角色设定方面。达尔马提犬是一个突出的角色，被描述为可爱的，这使它是整个场景中最引人注目的角色之一。达尔马提犬从窗户向外张望，给人一种亲近感和温馨感，使观众更容易与角色产生共鸣。

❷ 在情节设计方面。以布拉诺岛为背景，描述了一系列生动的场景，从色彩缤纷的建筑、一只可爱的达尔马提犬到熙熙攘攘的运河街道上行走的人群，呈现了一幅充满活力和生活气息的画面。主要情节围绕着达尔马提犬与周围环境的互动展

开，以及人们在布拉诺岛的日常生活，为观众呈现了一幅欢乐、温馨的场景。

❸ 巧妙设置悬念和高潮。在描述达尔马提犬张望的时候，可以暗示一些未知的情节，比如它在等待某人或者某事发生，从而增加观众的好奇心。为情节增添悬念和高潮，可以吸引观众的注意力，使整个故事更加丰富有趣。

7.8 通过引导构建出视频脚本

使用逐步引导的方式构建视频脚本，先描述服装、角色、动作，再逐步引入角色所在的地点、场景和故事情节，这种方式可以帮助 Sora 更好地理解你的意图，并生成更加符合期望的视频内容，相关示例如图 7-8 所示。从图 7-8 中可以看到，使用这种逐步引导的提示词，Sora 在生成视频时会呈现出自然的画面效果。

▷ Sora 案例生成 ◁

步骤 ⓪1 输入的提示词：

An old man wearing blue jeans and a white T-shirt, holding an umbrella, takes a pleasant stroll in the stormy weather of Mumbai, India.

步骤 ⓪2 生成的视频效果：

这是 Sora 生成的一位老人在暴风雨中愉快漫步的视频效果。

图 7-8 一位老人在暴风雨中愉快地漫步

> **中文大意：** 一位穿着蓝色牛仔裤和白色 T 恤的老人，手中拿着一把伞，在印度孟买的暴风雨中愉快地漫步。

1．服装、角色、动作描述

❶ 描述角色。一位穿着蓝色牛仔裤和白色 T 恤的老人。

❷ 描述动作。手持雨伞，正在愉快地漫步。

2．逐步引入地点、场景和故事情节

❶ 地点。印度孟买。

❷ 场景。暴风雨天气。

❸ 故事情节。老人在暴风雨中漫步，展现出对大自然的包容和乐观态度。

7.9 撰写视频脚本的 3 个要点

通过不断地尝试、调整和优化脚本文案，可以逐渐发现哪些文本指令更有效，哪些文本指令更能激发 Sora 的创造力。使用 Sora 制作 AI 视频，选择恰当的脚本文案有助于生成理想的视频效果。

在使用 Sora 生成视频时，脚本文案的编写顺序对最终生成的视频效果具有显著影响。虽然并没有绝对固定的规则，但下面这些建议性的指导原则，可以帮助用户更加有效地组织提示词，以便得到理想的视频效果。

❶ 突出主要元素。在编写提示词时，首先明确并描述画面的主题或核心元素，模型通常会优先关注提示词序列中的初始部分，因此将主要元素放在前面可以增加其权重。例如，某视频主题是 Tour of an art gallery（参观一个美术馆），建议首先使用 Tour（参观）作为提示词的开始，模型将理解场景应该设定在室内，并且具有美术馆的氛围和布局。

❷ 定义风格和氛围。在确定了主要元素后，紧接着添加描述整体感觉或风格的词汇，这样可以帮助模型更好地把握画面的整体氛围和风格基调。如果用户没有明确的视频风格，那么这一步也可以跳过。

❸ 细化具体细节。在明确了主要元素和整体风格后，继续添加更具体的细节描述，能够进一步指导模型渲染出更丰富的画面特征。例如，在 Tour of an art gallery 这个提示词的基础上，加入 with many beautiful works of art in different styles（里面有许多不同风格的美丽艺术品），这样模型将能够更好地捕捉和呈现美术馆内的艺术品和氛围，使观众仿佛身临其境地参观美术馆，欣赏不同风格的美丽艺术品。

7.10 撰写视频脚本的注意事项

掌握了 Sora 视频脚本的创作顺序后，下面这些注意事项将帮助用户进一步优化视频脚本的生成效果。

❶ 简洁精练。虽然详细的视频脚本有助于指导模型，但过于冗长的视频脚本可能会导致模型混淆，因此应尽量保持提示词简洁而精确。

❷ 平衡全局与细节。在描述具体细节时，不要忽视整体概念，确保提示词既展现全局，也包含关键细节。

❸ 发挥创意。使用比喻和象征性语言，激发模型的创意，生成独特的视频效果，如"时间的河流，历史的涟漪"。

❹ 合理运用专业术语。若用户对某领域有深入了解，可以运用相关专业术语以获得更专业的结果，如"巴洛克式建筑，精致的雕刻细节"。

本章小结

本章介绍了创作 Sora 脚本文案的方法，主要包括编写视频脚本的 5 个步骤、优化视频脚本的 4 个方法、编写详细的视频画面元素、描述详细的视频场景细节、使用极具创造性的提示词、构思有趣的角色和故事情节等内容。通过对本章内容的学习，读者可以熟练掌握 Sora 视频脚本的编写技巧，轻松创作出满意的 AI 视频作品。

课后习题

鉴于本章知识的重要性，为了让大家能够更好地掌握所学知识，下面将通过课后习题进行简单的知识回顾和补充。

（1）请简述编写 Sora 视频脚本的基本流程。

（2）请简述如何描述详细的视频场景细节。

课后习题 1

课后习题 2

第 8 章 9 个技巧，打造影视级视频画面

学习提示

在 AI 视频的广阔天地中，想要打造出影视级的视频效果，一个精心构建的提示词库是必不可少的工具。提示词库不仅为用户提供了明确的指导，还是确保视频内容质量、风格一致性的关键所在。本章将深入探讨如何构建这样一个影视级的提示词库，让你能够更有效地与 Sora 进行沟通，指导它创造出符合期望的 AI 视频效果。

8.1 准确描述画面的主体特征

在使用 Sora 生成视频时，主体特征提示词是描述视频主角或主要元素的重要词汇，它们能够帮助 Sora 理解和创造出符合要求的视频内容。主体特征提示词包括但不限于表 8-1 所示类型。

表 8-1 主体特征提示词示例

特征类型	特征描述	特征举例
外貌特征	描述人物的面部特征	如眼睛、鼻子、嘴型、脸型
	描述身材和体型	如高矮、胖瘦、肌肉发达程度
	描述人物肤色特征	如肤色白皙、黝黑、偏黄
	描述发型、发色等外观特征	如短发、长发、卷发、金色头发
服装与装饰	描述人物的服装风格	如正装、休闲装、运动装
	指定具体的服装款式或颜色	如西装、T恤、连衣裙
	提及佩戴的饰品或配件	如项链、手表、耳环
动作与姿态	描述人物的动态行为	如走路、漫步、跑步、跳跃
	提示特定的姿势或动作	如站立、坐着、躺着
	描述人物与环境的交互	如握手、拥抱、推拉
情感与性格	提示人物的情感状态	如快乐、悲伤、愤怒
	描述人物的性格特点	如勇敢、聪明、善良
身份与角色	明确指出人物的社会身份	如企业家、运动员、教师
	描述人物在视频中的特定角色或职责	如邻居、勇敢者、英雄

通过灵活运用主体特征提示词，可以更加精确地控制 Sora 生成的视频内容，使其更符合用户的期望和需求，相关示例如图 8-1 所示。

▷ Sora 案例生成 ◁

步骤 ⓪1 输入的提示词：

A woman wearing blue jeans and a white t-shirt taking a pleasant stroll in Mumbai, India, during a beautiful sunset.

步骤 ⓪2 生成的视频效果：

这是 Sora 生成的一位女士在美丽的日落时分惬意漫步的视频效果，通过将多个主体特征提示词组合起来，形成一个完整的描述，以更精确地指导模型生成符合要求的视频。

图 8-1　一位女士在美丽的日落时分惬意地漫步

中文大意： 在印度孟买，一位穿着蓝色牛仔裤和白色 T 恤的女士在美丽的日落时分惬意地漫步。

从图 8-1 中可以看到，Sora 能够生成一个画面细腻、动态自然、背景丰富的视频，展现出在印度孟买美丽日落时分，一位穿着蓝色牛仔裤和白色 T 恤的女士在街头漫步的场景。视频画面不仅富有生活气息，而且场景感非常强烈，能够给观众带来身临其境的感觉。

8.2　营造生动的视频画面场景

在使用 Sora 生成视频时，场景特征提示词是用来描述视频场景中环境、背景、氛围等细节的关键词或短语，这些提示词可以帮助 Sora 营造出更加生动、真实的场景氛围。表 8-2 所示为一些常见的场景特征提示词。

编写场景特征提示词时，应使用具体、明确的词汇来描述场景，避免使用模糊或含糊不清的表达，这有助于 Sora 更准确地理解并生成符合描述的视频内容。通过描述环境的细节、道具的摆放、人物的交互行为等，丰富场景的内容，这有助于 Sora 在视频中营造出不同的情感氛围，提高观众的沉浸感和参与感。

表 8-2　常见的场景特征提示词

特征类型	特征描述	特征举例
地点描述	使用国家、城市、地区名称	如巴黎的街头、日本的乡村
	描述具体的建筑或地标	如长城之上、埃菲尔铁塔下
	使用自然环境描述	如森林中、沙滩上

续表

特征类型	特征描述	特征举例
时间描述	使用具体的时间点	如清晨、黄昏
	描述季节或天气	如夏日炎炎、冬日雪景
	使用节日或特殊日期	如元宵节之夜、新年钟声响起时
氛围描述	描述光线和阴影	如柔和的阳光下、斑驳的树影中
	使用颜色或色调来营造氛围	如温暖的橙色调、冷静的蓝色调
	描述声音或气味	如微风轻拂的声音、花香四溢
场景细节	描述建筑物或环境的特征	如古老的石板路、现代的摩天大楼
	使用道具或装饰来丰富场景	如街头的涂鸦艺术、树上的彩灯
	强调人物与环境的交互或位置	如人群中的孤独旅人、市场中的热闹摊位

　　另外，可以将不同的场景特征提示词组合在一起，创建出更加复杂和丰富的场景描述。例如，用户可以结合地点、时间、氛围和细节等多个方面的描述，来构建一个完整的场景画面，相关示例如图8-2所示。

▶ Sora 案例生成 ◀

步骤 01 输入的提示词：

　　A woman wearing a green dress and a sun hat taking a pleasant stroll in Mumbai India during a beautiful sunset

步骤 02 生成的视频效果：

　　这是 Sora 生成的一位妇女在印度孟买愉快散步的视频效果，这个视频中的提示词，成功地结合了地点（印度孟买）、时间（日落时分）、氛围（美丽）和细节（身穿绿色连衣裙、头戴太阳帽），来构建一个完整的场景画面。

图 8-2　一位妇女在印度孟买愉快地散步

中文大意：在美丽的日落中，一个身穿绿色连衣裙、头戴太阳帽的妇女在印度孟买愉快地散步。

8.3 使用具体的画面艺术风格

在使用 Sora 生成视频时，艺术风格提示词是用来指定或影响生成内容艺术风格的关键词或短语。艺术风格不仅可以显著影响视频的视觉效果，还能营造特定的情感氛围，为观众带来独特的视觉体验。表 8-3 所示为一些常见的艺术风格提示词，这些提示词可以帮助 Sora 捕捉并体现出特定的艺术风格、流派或视觉效果。

表 8-3　常见的艺术风格提示词

风格类型	提示词示例
抽象艺术	抽象表现主义、几何抽象、涂鸦艺术、非具象绘画
古典艺术	巴洛克风格、文艺复兴、古典油画、古代雕塑
现代艺术	印象派、立体主义、超现实主义、极简主义
流行艺术	波普艺术、街头艺术、涂鸦墙、漫画风格
民族或地域风格	中国水墨画、日本浮世绘、印度泰米尔纳德邦绘画、北欧风格
绘画媒介和技巧	水彩画、油画、粉笔画、素描
色彩和调色板	黑白摄影、色彩鲜艳、暗调、冷色调／暖色调
风格和艺术家	凡高风格、毕加索风格、蒙德里安风格、莫奈风格
电影或视觉特效	电影感镜头、复古电影效果、动态模糊、光线追踪
混合风格	数码艺术与传统绘画结合、现实与超现实的融合、东西方艺术的交融、古典与现代的碰撞

使用明确、具体的艺术风格名称。例如，如果用户想要生成电影般的画面效果，可以使用 Cinematic（电影的）这样的提示词，相关示例如图 8-3 所示。从图 8-3 中可以看到，这段提示词设计得非常详细具体，还包含了 Warm Tones（暖色调）提示词。

▷ Sora 案例生成 ◁

步骤 01　输入的提示词：

A white and orange tabby cat is seen happily darting through a dense garden, as if chasing something. Its eyes are wide and happy as it jogs forward, scanning the branches, flowers, and leaves as it walks. The path is narrow as it makes its way between all the plants. the scene is captured from a ground-level angle, following the cat closely, giving a low and intimate perspective. The image is cinematic with warm tones and a grainy texture. The scattered daylight between the leaves and plants above creates a warm contrast, accentuating the cat's orange fur. The shot is clear and sharp, with a shallow depth of field.

步骤 02 生成的视频效果：

这是 Sora 生成的一段虎斑猫在茂密的花园里奔跑的视频效果。

图 8-3　虎斑猫在茂密的花园里奔跑

中文大意：一只白色和橙色相间的虎斑猫在茂密的花园里快乐地奔跑，好像在追逐什么。它一边向前慢跑，一边扫视树枝、花朵和树叶，眼睛睁得大大的，很开心。这条小路非常窄，因为它在所有的植物之间穿行。这个场景是从地面的角度拍摄的，紧跟着猫，给人一种低沉而亲密的视角。该图像具有电影般的暖色调和颗粒状纹理。上面树叶和植物之间的散射阳光形成了温暖的对比，突出了猫的橙色皮毛。镜头清晰而犀利，景深较浅。

8.4　运用恰当的画面构图技法

在使用 Sora 生成视频时，画面构图提示词用于指导模型如何组织和安排画面中的元素，以创造出有吸引力和故事性的视觉效果。表 8-4 所示为一些常见的画面构图提示词及其描述。

通过巧妙地使用画面构图提示词，可以指导 Sora 生成主题突出、层次丰富的视频内容。例如，下面这个视频中就结合了"方形画幅构图＋前景构图＋焦点构图"多种形式，从而更好地强调和突出画面主体，相关示例如图 8-4 所示。

表 8-4 常见的画面构图提示词及其描述

提示词示例	提示词描述
横画幅构图	最常见的构图方式，通常用于电视、电影和大部分摄影作品。在这种构图中，画面的宽度大于高度，给人一种宽广、开阔的感觉，适合展现宽广的自然风景、大型活动等场景，也常用于人物肖像拍摄，以展现人物与背景的关系
竖画幅构图	画面的高度大于宽度，给人一种高大、挺拔的感觉，适合展现高楼大厦、树木等垂直元素，也常用于拍摄人物的全身像，以强调人物的高度和身材
方形画幅构图	画面的高度和宽度相等，呈现出一个正方形的形状，给人一种平衡、稳定、庄重、正式的感觉，适合展现对称或中心对称的场景，如建筑、花卉等
对称构图	画面中的元素被安排成左右对称或上下对称，可以创造一种平衡和稳定的感觉
前景构图	明确区分前景和背景，使观众能够轻松识别出主要的视觉焦点
三分法构图	将画面分为三等分，重要的元素放在这些线条的交点或线上，这是一种常见的构图技巧，有助于引导观众的视线
引导线构图	使用线条、路径或道路等元素来引导观众的视线，使画面更具动态感和深度
对角线构图	将主要元素沿对角线放置，以创造一种动感和张力
深度构图	通过使用不同大小、远近和模糊程度的元素来创造画面的深度感
重复构图	使用重复的元素或图案来营造视觉上的统一和节奏感
平衡构图	确保画面在视觉上是平衡的，避免一侧过于拥挤或另一侧太空旷
对比构图	通过对比元素的大小、颜色、形状等，来突出重要的元素或创造视觉冲击力
框架构图	使用框架或边框来突出或包含重要的元素，增强观众的注意力
动态构图	通过元素的移动、旋转或形状变化来创造动态的视觉效果
焦点构图	将观众的视线引导至画面的一个特定点，突出显示该元素的重要性

▶ Sora 案例生成 ◀

步骤 01 输入的提示词：

A Shiba Inu dog wearing a beret and black turtleneck.

步骤 02 生成的视频效果：

这是使用 Sora 生成的一段活泼可爱的柴犬的视频效果。

🔊 **专家提醒**

原图中的柴犬戴着贝雷帽、穿着黑色高领毛衣，这些服饰在视频中也得到了清晰的展现。Sora 准确地在柴犬身上呈现出了这些服饰的特征，如贝雷帽的形状和颜色，以及高领毛衣的纹理和贴合度，确保这些基本的图像特征不会丢失或变形。

图8-4 活泼可爱的柴犬

中文大意： 一只戴着贝雷帽、穿着黑色高领毛衣的柴犬。

8.5 选择合适的画面视线角度

在使用 Sora 生成视频时，视线角度会对观众与画面元素进行互动和建立情感联系产生影响。表 8-5 所示为一些常见的视线角度提示词及其描述。

表 8-5 常见的视线角度提示词及其描述

提示词示例	提示词描述
平视角度	平视角度是指镜头与主要对象的眼睛保持大致相同的高度，模拟人类的自然视线，给人一种客观、真实的感觉
俯视角度	俯视角度是指镜头位于主要对象上方，从上往下看，可以用于展现主要对象的脆弱或渺小，强调其在环境中的位置
仰视角度	仰视角度是指镜头位于主要对象下方，从下往上看，通常会给人一种崇高、庄严或敬畏的感觉
斜视角度	斜视角度是指镜头与主要对象的视线成一定角度，既不是完全正面也不是完全侧面，可以让人产生一种戏剧性、紧张或神秘的感觉
正面视角	正面视角是指镜头直接面对主要对象，与主要对象的正面保持平行，给人一种直接、坦诚的感觉
背面视角	背面视角是指镜头位于主要对象的背后，展示对象的背部及其所面对的方向，可以让人产生一种神秘、悬念或探索的感觉
侧面视角	侧面视角是指镜头位于主要对象的侧面，展示对象的侧面轮廓和动作，能够突出对象的侧面特征

不同的视线角度可以影响观众对画面的感知和理解，因此选择合适的视线角度对于创造吸引人的视频来说至关重要。

例如，下面这个使用 Sora 生成的视频就是采用正面视角的展现方式，提示词中提到了 Directly Faces（直接面对），从而让 Sora 捕捉到彩色建筑的正面细节，以及达尔马提亚狗的动作姿势，相关示例如图 8-5 所示。

▷ Sora 案例生成 ◁

步骤 01 输入的提示词：

The camera directly faces colorful buildings in Burano Italy. An adorable dalmation looks through a window on a building on the ground floor. Many people are walking and cycling along the canal streets in front of the buildings.

步骤 02 生成的视频效果：

这是 Sora 生成的一段可爱的达尔马提亚犬（又称斑点狗）的视频效果。

图 8-5 可爱的达尔马提亚狗

中文大意： 镜头直接面对意大利布拉诺的彩色建筑。一只可爱的达尔马提亚犬从一楼建筑的窗户向外看。许多人在建筑物前的运河边的街道上行走和骑自行车。

8.6 呈现不同的画面景别范围

在使用 Sora 生成视频时，画面景别提示词是用来描述和指示视频画面中的主体所呈现出的范围大小，一般可划分为远景、全景、中景、近景和特写 5 种类型，每种类型都有其特定的功能和效果，相关介绍如表 8-6 所示。

表 8-6 常见的画面景别提示词及其描述

提示词示例	提示词描述
远景	展现广阔的场面，以表现空间环境为主，可以表现宏大的场景、景观、气势，有抒发情感、渲染气氛的作用，常常应用于影片或者某个独立的叙事段落的开篇或结尾
全景	展现人物全身或场景的全貌，强调人物与环境的关系，交代场景和人物位置，有助于观众理解场景中的空间关系，适合表现人物的整体动作和姿态
中景	展现场景局部或人物膝盖以上部分的景别，应用于表现人与人、人与物之间的行动、交流，生动地展现人物的姿态动作
近景	展现人物胸部以上部分或物体局部的景别，主要用于通过面部表情刻画人物性格，通常需要与全景、中景、特写景别组合起来使用
特写	展现人物颈脖以上部位或被摄物体的细节，用以细腻表现人物或被拍摄物体的细节特征，通过他们的面部表情、眼神或者其他微妙的肢体语言来传达情感，使观众更加深入地理解角色的内心世界

8.7 强调视频画面的色彩色调

在使用 Sora 生成视频时，色彩色调提示词是用于指导模型生成具有特定色彩或色调效果的视频内容。表 8-7 所示为一些常见的色彩色调提示词及其描述。

表 8-7 常见的色彩色调提示词及其描述

提示词示例	提示词描述
暖色调	强调温暖、舒适、充满活力的色彩，通常包括红色、橙色和黄色系的色调，如温暖的日落、柔和的烛光、秋天的枫叶等
冷色调	传达冷静、清新、平静的感觉，主要由蓝色、紫色和绿色系的色调构成，如寒冷的冬夜、深邃的海洋、清新的森林等
鲜艳色彩	色彩鲜明、饱满，具有高对比度和亮度，给人一种生动、活泼的感觉，如鲜艳的热带水果、充满活力的霓虹灯、色彩斑斓的油画等
柔和色彩	色彩柔和、细腻，对比度和亮度较低，营造出宁静、温柔的氛围，如柔和的晚霞、细腻的水彩画、温馨的家居环境等

续表

提示词示例	提示词描述
复古色调	模仿旧照片或复古艺术作品的色彩效果，通常具有较低的饱和度和对比度，如复古电影镜头、老照片的感觉、怀旧的艺术风格等
黑白或单色	完全或主要以黑白灰为主色调，去除彩色元素，传达简洁、纯粹或经典的感觉，如黑白老电影、素描效果、水墨画风等
对比色彩	使用高对比度的色彩组合，强调色彩之间的对比和冲突，创造强烈的视觉冲击力，如鲜艳的对比色彩、大胆的色彩组合、充满活力的色彩碰撞等
渐变色彩	色彩从一种色调逐渐过渡到另一种色调，营造出流畅、温和的视觉效果，如渐变的日出日落、柔和的色彩过渡、梦幻的色彩流动等

8.8 影响视频氛围的环境光线

在使用 Sora 生成视频时，环境光线是影响场景氛围和视觉效果的重要因素。表 8-8 所示为一些常见的环境光线提示词及其描述，这些提示词有助于指导 Sora 创建出具有不同光照效果和氛围的视频内容。

表 8-8 常见的环境光线提示词及其描述

提示词示例	提示词描述
自然光	模拟自然界中的光源，如日光、月光等，通常呈现出柔和、温暖或冷峻的效果，且根据时间和天气条件而异，如清晨的柔光、午后的烈日、黄昏的余晖、月光下的静谧等
软光	光线柔和，没有明显的阴影和强烈的对比，给人一种温暖、舒适的感觉，如柔和的室内照明、温馨的烛光、漫射的自然光
硬光	光线强烈，有明显的阴影和对比度，可以营造出强烈的视觉冲击力，如强烈的阳光直射、刺眼的聚光灯、硬朗的阴影效果
逆光	光源位于主体背后，产生强烈的轮廓光和背光效果，使主体与背景分离，如夕阳下的逆光剪影、背光下的轮廓突出
侧光	光源从主体侧面照射，产生强烈的侧面阴影和立体感，如侧光下的雕塑感、侧面阴影的戏剧效果、侧光照亮的细节展现
环境光	用于照亮整个场景的基础光源，提供均匀而柔和的照明，营造出整体的光照氛围，如均匀的环境照明、柔和的环境光晕
霓虹灯光	光线的色彩鲜艳且闪烁不定，为视频带来一种繁华而充满活力的氛围，如都市霓虹、梦幻霓虹等
点光源	模拟点状光源，如灯泡、烛光等，产生集中而强烈的光斑和阴影，如温馨的烛光照明、聚光灯下的戏剧效果、点光源营造的神秘氛围

提示词示例	提示词描述
区域光	模拟特定区域或物体的光源，为场景提供局部照明，如窗户透过的柔和光线、台灯下的阅读氛围、区域光照亮的重点突出
暗调照明	整体场景较为昏暗，强调阴影和暗部的细节，营造出神秘、紧张或忧郁的氛围，如暗调下的神秘氛围、阴影中的细节探索、昏暗环境中的情绪表达
高调照明	整体场景明亮，强调亮部和高光部分，营造出清新、明亮或梦幻的氛围，如高调照明下的清新氛围、明亮的场景展现、高光突出的细节强调

8.9 展现不同视觉的镜头参数

在使用Sora生成视频时，镜头参数提示词可以用来指导Sora如何调整镜头焦距、运动、景深等属性。表8-9所示为一些常见的镜头参数提示词及其描述。

表8-9 常见的镜头参数提示词及其描述

提示词示例	提示词描述
镜头类型	指定摄像机的镜头类型，有广角镜头、长焦镜头、鱼眼镜头等，如使用广角镜头捕捉宽阔的场景或长焦镜头聚焦特定细节
焦距	调整镜头的焦距，控制画面的清晰度和视角大小，如拉近焦距以突出主体、推远焦距以获得更宽广的视野
镜头运动	模拟摄像机的运动轨迹，包括推拉运镜、跟随运镜、旋转运镜、升降运镜等，如跟随运镜以追踪移动的主体、旋转运镜以展示对象全景、推拉运镜以突出或远离画面细节
镜头速度	控制镜头运动的移动速度，包括推拉、旋转和跟随的速度，如快速移动镜头以创造紧张感、缓慢移动镜头以营造宁静的氛围
镜头抖动	模拟摄像机的抖动效果，增加画面的动态感和真实感，如在特定场景中加入轻微的镜头抖动以模拟手持摄像机拍摄的效果
景深	控制场景中前后景的清晰程度，模拟摄影中的景深效果，如增加景深以展示前后景的清晰细节、减少景深以突出主体并模糊背景
镜头稳定	保持镜头的稳定性，减少不必要的晃动和抖动，如使用镜头稳定功能来平滑摄像机的运动以保持画面的清晰和稳定

表8-9中的这些镜头参数提示词可以帮助指导Sora生成具有不同视觉效果的视频内容。通过合理地组合和调整这些参数，用户可以创造出丰富多样的镜头运动和视觉效果，使生成的视频更具吸引力和表现力。

本章小结

　　本章主要介绍了打造影视级视频画面的 9 个技巧，包括准确描述画面的主体特征、营造生动的视频画面场景、使用具体的画面艺术风格、运用恰当的画面构图技法、选择合适的画面视线角度以及呈现不同的画面景别范围等内容。通过对本章内容的学习，读者可以熟练掌握各种专业提示词的运用，轻松创作出理想的视频作品。

课后习题

　　鉴于本章知识的重要性，为了让大家能够更好地掌握所学知识，下面将通过课后习题进行简单的知识回顾和补充。

　　1．请简述主体特征提示词包括哪些内容。

　　2．请简述视频画面包含哪些视线角度的提示词。

课后习题 1　　　　**课后习题 2**

第 9 章 10 个技巧，轻松获取提示词文案

学习提示

　　使用 AI 生成图像或短视频的提示词文案是现今互联网时代的一大流行趋势，并且随着研究的深入其传播与应用会越来越广泛，这里要用到一个非常重要的工具——ChatGPT。本章主要介绍通过 ChatGPT 获取图片与短视频提示词的方法，提升文本内容的优化技巧，快速获取需要的提示词文案内容。

9.1 向 ChatGPT 提问的 6 个技巧

ChatGPT 是一种基于 AI 技术的聊天机器人，它使用了自然语言处理和深度学习等技术，可以进行自然语言的对话，回答用户提出的各种问题。

用户使用 ChatGPT 输入一些描述语句可以获得想要的提示词或脚本文案，复制下来粘贴到 Sora、DALL·E 3 或者 Midjourney 中，然后使用命令和参数就能生成相应的绘画作品，实现以文生图的效果。

在向 ChatGPT 提问时，正确的提示词提问技巧和注意事项也至关重要，下面向大家介绍如何更快速、更准确地获取需要的信息，如图 9-1 所示。

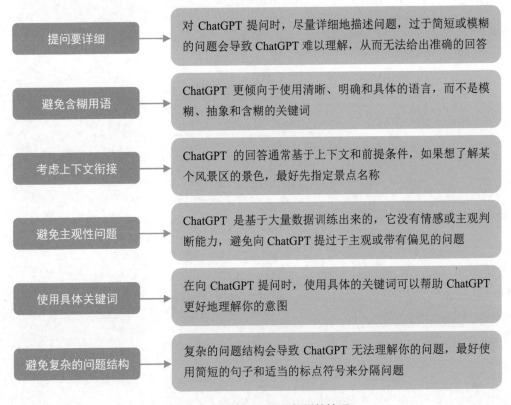

图 9-1 向 ChatGPT 提问的技巧

9.2 输入合适的、具体的提示词

用户在编写提示词时，应该与需求紧密结合，选择合适的提示词。不同的提示词所获得的 AI 文案是有区别的。下面将举例介绍在输入不同提示词时，ChatGPT 给出不同的回复。

步骤 01 打开 ChatGPT，在其输入框中输入比较宽泛的提示词，按 Enter 键确定，便可以得到 ChatGPT 生成的回复，相关指令和回复内容如下。

提问

我需要使用 AI 工具绘制一朵鲜花的图像，请给我关于这幅图像的提示词。

ChatGPT

一朵盛开的红玫瑰，插在一个装满清水的透明玻璃花瓶中。花瓶放置在一张木头桌子上，背景是一个明亮且温暖的日间室内环境。整个场景以写实风格展现，细节丰富，尤其是玫瑰的花瓣和水珠在阳光下反光。

步骤 02 在左上角单击 ChatGPT 按钮，新建一个聊天窗口，输入比较具体的提示词，按 Enter 键确定，便可以得到 ChatGPT 生成的回复，相关指令和回复内容如下。

提问

我需要使用 AI 工具绘制一朵盛开的白色百合花图像，请给我关于这幅图像的提示词。

ChatGPT

一朵盛开的白色百合花，花瓣边缘轻微卷曲，花心中黄色的花粉和凸显的雌雄蕊清晰可见。这朵百合花置于一个充满绿色植物和细碎花朵的自然花园中，早晨的阳光穿透树叶缝隙，斑驳地照在百合花上，营造出一种温暖而宁静的氛围。一只小蝴蝶停留在附近的花瓣上，为整个画面增添了生动的气息。整个图像以写实风格呈现，着重展现百合花的纯洁。

这样的提示词应该能帮助 AI 工具绘制出一幅既符合期待又充满细节的百合花图像。

9.3 确定视频提示词的主题方向

编写有效的、具体的提示词是用户需要掌握的技能，而第一要义就是确定提示词的主题。例如，用户想通过 ChatGPT 生成一篇有关春季奶茶的短视频文案，那么"春季奶茶"便是提示词的主题，而"一篇短视频文案"则是用户的需求，组合在一起，就可以得到要输入的提示词——"请帮我写一篇主题为春季奶茶的短视频文案"，相关指令和回复内容如下。

❓ 提问

请帮我写一篇主题为春季奶茶的短视频文案。

✅ ChatGPT

在春天，当万物复苏、气候温和时，一杯特制的春季奶茶能够为你的日常添上一份甜蜜与活力。以下是一篇围绕"春季奶茶"主题的短视频文案，适用于社交媒体平台，旨在吸引观众的兴趣，并促使他们尝试这一季节性的饮品。

画面一：春日晨光中，一片新绿的叶子轻轻摇曳，凝露滴落。

文案："在春天的第一缕阳光下，万物复苏。"

画面二：慢动作捕捉奶茶师傅优雅地将茶汤倒入玻璃杯中，金黄色的茶汤与白色的牛奶交融，形成漂亮的层次。

文案："一杯定制的春季奶茶，是这个季节最甜蜜的事情。"

画面三：特写几款春季限定的奶茶，颜色由深至浅，旁边摆放着鲜花和嫩叶，象征春天。

文案："选用春摘茶叶，搭配季节限定口味，每一口都是春天的味道。"

画面四：顾客在户外阳光下享受奶茶，身后是盛开的花朵和新绿的树木。

文案："让春季奶茶成为你的日常小确幸，唤醒沉睡的味蕾。"

画面五：显示店铺门前排队的人群，以及特写一些正享受奶茶的满足表情。

文案："来，品味这个春天的独特礼赞，让爱与美味传递。"

结尾：店铺标志（Logo）和春季促销信息显现。

文案："春日限定，与你共享这一季的温暖与甜美。"

这篇文案旨在通过视觉和文字相结合的方式，传递春季奶茶所带来的温馨与活力，吸引目标顾客到店品尝或通过社交媒体进行分享。

9.4 细化主题描述加入限定语言

如果用户在给 ChatGPT 的提示词中已经说明了主题，但依然没有得到理想的回复时，可以进一步细化主题描述，多加入一些限定语言或条件。下面将举例介绍具体的操作方法。

步骤 01 打开 ChatGPT，在其输入框中输入相应主题内容，按 Enter 键确定，便可以得到 ChatGPT 生成的回复，相关指令和回复内容如下。

❓ 提问

我需要绘制一幅春天的图像，请给我关于这幅图像的提示词。

ChatGPT

想象一片广阔的田野，远处是轻柔起伏的山脉，山脚下布满了新绿。近处，一片野花盛开的草地在微风中轻轻摇曳，色彩斑斓，点缀着黄色的蒲公英、粉色的樱花瓣和紫色的紫罗兰。一条清澈的小溪从田野一侧蜿蜒流过，溪边长着新生的绿草和几棵正在抽芽的柳树，柳枝轻柔垂下，触碰着水面。

在这片生机勃勃的景象中，有几只小动物在享受春日的暖阳：一只小兔子在草地上蹦跳，寻找着美味的草叶；几只蝴蝶在花丛间翩翩起舞，而一群小鸟在蓝天中飞翔，偶尔降落在树枝上歇息，啼鸣着春天的歌谣。

步骤 02 加入限定语言，修改提示词的内容，让 ChatGPT 再次根据新的提示词生成回复，相关指令和回复内容如下。

提问

我需要绘制一幅春天乡村田野的风景图像，天空湛蓝，适当加入一些梦幻或浪漫的元素，突出春日的氛围，请给我关于这幅图像的提示词，字数要求在 100 字以内。

ChatGPT

在春日的乡村田野中，广阔的绿色草地轻柔地延伸至远处轮廓柔和的山脉，点缀以五彩斑斓的野花。湛蓝的天空下，偶尔飘过的白云和温暖的阳光营造出一种梦幻般的氛围。田野上的小动物们活泼地享受着春光，而一条清澈的溪流悠然穿行，柳树垂丝般的枝条轻触水面，增添了一份浪漫的情调。

9.5 指定语言风格进行适当模仿

当用户不知道如何编写提示词才能够获得满意的回复时，可以指定语言风格，让 ChatGPT 进行模仿，并按照特定风格来生成回复，用户可以指定自己喜欢的影视人物、动漫人物、作家、文学作品等语言风格，或者指定某平台的短视频风格，相关指令和回复内容如下。

提问

请参考张爱玲的语言写作风格，创作一篇关于一个女人在上海都市行走的场景，字数要求在 200 字以内。

ChatGPT

她穿过上海的街道，像一只温顺而疲惫的猫，踩着软绵绵的春雨。高楼大厦之间，霓虹灯如同夜晚星河的倒影，闪烁着游移的光芒，映照出她眼中莹润的寂寞。

她的衣裙，淡雅如烟，随着步伐轻轻摇曳，似乎在诉说着一个关于时光流逝的故事。每一步，都像是在寻找着什么，或是在逃避着什么，那是一种深藏于都市森林中的迷茫和孤独。她的眼神，穿透了繁华与喧嚣，仿佛能看见这座城市灵魂深处的孤寂与渴望。这个夜晚，她是如此地与世界隔绝，又如此地渴望被理解和拥抱。

9.6 提供一个具体案例让其参考

用户在对 ChatGPT 进行提问时，可以提供一个具体的案例让其参考，等ChatGPT 识别之后便可以生成更为满意的答案，相关指令和回复内容如下。

⁉️ 提问

风光类图像的提示词通常是文艺且富有诗意的，如"温柔的夕阳洒在平静的海面上，金色的光芒与蔚蓝的海水交织，远处一艘帆船静静航行，海岸线上的椰树剪影显得格外宁静"，请提供 10 段类似的提示词。

✅ ChatGPT

（1）清晨的薄雾轻轻覆盖在静谧的湖面上，远处的山峦若隐若现，一只孤舟静静地漂浮，水面反射出第一缕阳光的柔和光芒，一切都沉浸在宁静与和谐之中。

（2）金色的秋日午后，落日的余晖洒满了满树的枫叶，将整个林间照亮成一片温暖的橙红色，一条小径蜿蜒而过，引人深入这片秋天的童话世界。

（3）夜幕降临，城市的灯光逐渐亮起，从高处俯瞰，灯火阑珊的都市如同繁星点点的夜空，车水马龙，人们在这座灯火辉煌的城市中寻找属于自己的光亮。

（4）春雨绵绵，细雨如丝轻拂过新绿的竹林，竹叶上挂着晶莹的水珠，远处的山色在雨雾中若隐若现，一片生机勃勃，让人心生向往。

（5）在炽热的夏日里，一片繁花似锦的向日葵在阳光下竞相绽放，金黄色的花朵迎着太阳，充满活力与生命力，仿佛在向世界宣告夏天的热烈与激情。

（6）冬日的傍晚，一片宁静的雪地上，雪花轻柔地落下，覆盖了小屋、树木和山坡，一切都被披上了洁白的纱裳，银装素裹的世界显得格外的祥和与纯净。

（7）夜晚的海边，月亮悬挂在天空，银白色的月光洒在轻拍的海浪上，波光粼粼，海风轻轻吹过，带来凉爽的气息，整个海滩沉浸在一片宁静与浪漫之中。

（8）在高山的怀抱中，一片鲜花盛开的草甸，在阳光下闪耀着斑斓的光彩，远处的雪山巍峨耸立，白雪皑皑，蓝天、绿地、白雪构成了一幅绝美的自然风景画。

（9）晨曦初照，一片宁静的田野上，露水晶莹，麦田金黄，一缕缕阳光穿透薄雾，照亮了每一棵麦穗，一天的劳作即将开始，充满希望与生命力。

（10）傍晚时分，一座古老的桥横跨在宁静的河流上，远处的古镇灯火渐亮，水面上反射出点点光芒，一切都显得如此宁静而神秘，仿佛讲述着历史的故事。

9.7 指定以表格形式生成提示词

用户在与 ChatGPT 对话时，可以要求其以表格的形式给出回复，对于要点提炼和短视频脚本创作等相关工作有很大的帮助，相关指令和回复内容如下。

⁇ 提问

请写一个关于猫和老鼠的动画脚本，场景发生在一间木屋里，开篇 5 秒迅速吸引人眼球，中间有反转，结尾有惊喜，文案侧重于动作表达。脚本用表格的形式呈现以下内容：分镜序号、画面描述、对话台词。

✓ ChatGPT

分镜序号	画面描述	对话台词
1	木屋内，老鼠突然从洞里钻出，目光锁定前方的一块巨大奶酪	
2	老鼠兴奋地向奶酪冲去，这个时候，猫的影子也悄然逼近了	
3	猫跃出，老鼠紧急转向，穿过猫的腿下逃跑，猫困惑地转身	
4	老鼠藏入小洞，猫用钓鱼竿钓奶酪，计划吸引老鼠，将老鼠引出洞	
5	老鼠贪婪地看着悬挂的奶酪，慢慢地走出洞口	
6	正当猫以为成功的时候，老鼠敏捷地夺走了奶酪，逃回了洞中	猫："哦，不！"
7	猫失望地坐下，突然发现地上有一条奶酪引向老鼠洞的小径	
8	沿着奶酪小径，猫发现老鼠为它留下了一块最大的奶酪	
9	老鼠从洞中探出头，对猫微笑，似乎在表示和解	老鼠："下次，朋友。"
10	猫微笑着接受奶酪，两者相视而笑，画面以和谐共处的氛围结束	

这个脚本旨在通过一系列快节奏和幽默的画面，展现猫和老鼠之间既是对手又似朋友的复杂关系。开篇迅速吸引观众，中间的反转增加故事的趣味性，而结尾的小惊喜则在温暖中落幕，给观众留下深刻印象。

9.8 赋予 ChatGPT 身份进行回复

ChatGPT 作为一个语言模型，它可以充当各式各样的角色，因此用户在与 ChatGPT 对话时，可以先赋予其身份。例如，让 ChatGPT 充当 AI 绘画师，ChatGPT 会生成更有参考价值的文案建议，相关指令和回复内容如下。

?▷ 提问

你现在是一位 AI 绘画师，请提供 5 段生成儿童绘本图像的提示词。

✓▷ ChatGPT

（1）勇敢的小骑士："一位穿着闪亮铠甲的小骑士站在森林边缘，手持木剑，准备勇敢地面对前方隐藏在树林中的幻想冒险。背景是色彩斑斓的树木和一条通往森林深处的小路。"

（2）海底探险："一个小潜水员背着氧气瓶，在五彩缤纷的珊瑚礁之间游泳，身边围绕着各种各样的海洋生物，包括好奇的小鱼、微笑的海星和闪闪发光的水母。"

（3）魔法森林里的小屋："在一个充满魔法的森林里，有一间由糖果和甜点构成的小屋。小屋前有一条由巧克力砖块铺成的小路，小路两旁生长着棉花糖树和糖果花朵。"

（4）北极熊的新朋友："在冰雪覆盖的北极，一只小北极熊和一群企鹅在玩耍。它们在冰面上滑行，背景是冰山和晴朗的蓝天，这个场景展示了不同物种之间的友谊和乐趣。"

（5）秋天的收获节："一片金黄色的麦田中，小朋友们在收获南瓜和苹果。背景是一座装饰着秋天果实和蔬菜的农舍，远处是变色的树林，表达了丰收的喜悦和秋天的美丽。"

9.9 指定目标受众让回复更精准

用户在与 ChatGPT 进行对话时，可以制定受众群体。通过提供特定领域、特定背景或专业知识相关的问题，可以让 ChatGPT 更好地理解你的需求，从而提供更准确、高效的回复，相关指令和回复内容如下。

?▷ 提问

请针对在公司进行午休的上班族创作一篇有关午睡枕的短视频文案，要求突出午睡枕的面料、质量和实用性，字数不超过 300 字。

✓▷ ChatGPT

视频开头：画面显示繁忙的办公室，紧张的氛围中，时间慢慢走到中午。

画面一：镜头转向一位上班族，面带疲惫地坐在办公椅上，看着外面的阳光。

画面二：他从抽屉里拿出一款设计精巧的午睡枕，轻柔的面料在阳光下闪着温暖的光芒。

画面三：紧接着，展示午睡枕的特写，旁白介绍："采用高级透气面料，触感柔软，能够有效支撑颈部，让你的午休更加舒适。"

画面四：上班族轻松地靠在午睡枕上，闭上眼睛，脸上渐渐露出满意的微笑。

画面五：展示午睡枕的另一特点，旁白继续："内置记忆棉，不论你怎样转动，都能提供恰到好处的支持，确保午睡后精神焕发。"

画面六：快速展示午睡枕的便携性，上班族将午睡枕轻松地放入抽屉，旁白："轻巧便携，不占空间，是办公室必备的休息神器。"

结尾：上班族精神饱满地投入工作，旁白："让每一个午休都成为充电的时刻，午睡枕，让你的工作生活更加美好。"

Logo 和产品信息显现：展示品牌 Logo 和购买信息，背景音乐渐弱，视频结束。

9.10 设定叙述视角丰富画面内容

在平时的写作过程中，用户可以通过在不同的段落或章节中使用不同的视角，引入不同的人物、观点或经历，从而丰富文章的厚度。将这个思路运用到编写提示词中，可以让 ChatGPT 更好地完成创作任务，相关指令和回复内容如下。

提问

请以第一人称视角，对一个小朋友在小溪里玩耍的画面进行提示词提炼。

ChatGPT

画面一：

站在清澈的小溪边，我轻轻踏入水中，凉爽的感觉从脚底涌上心头。阳光透过稀疏的树叶，在水面上洒下斑驳的光影。我弯腰捡起一块光滑的石头，尝试着让它在水面上跳跃。小溪里的鱼儿好奇地围绕着我，仿佛在欢迎一位新朋友。四周是郁郁葱葱的植被和偶尔传来的鸟鸣，让这一切显得如此宁静而美好。此刻，我仿佛与世隔绝，沉浸在自己的小世界里，享受着大自然的馈赠。

画面二：

我站在这条蜿蜒的小溪边，双脚裸露，沉浸在清凉透明的溪水中。抬头望去，阳光透过树梢，斑驳陆离地映射在流动的水面上，仿佛每一道光线都在邀请我加入这个充满生机的舞台。我弯腰，用双手捧起一些水，看着它在指间慢慢滑落，感受水的温柔与自由。四周的声音仿佛都消失了，只剩下溪水轻柔地在耳边细语，邀请我继续探索。我忍不住微笑，心里充满了对这个简单又美好瞬间的珍惜。

画面三:

我蹲在这条清澈的小溪旁,目不转睛地观察着溪水中的一切。阳光穿过树梢,斑斑点点地洒在我周围,水面上泛起了轻轻的波纹。我伸出小手,试图抓住那些闪烁着阳光的水珠,感觉它们像是顽皮的小精灵,在我手心里跳舞。周围很安静,只有溪水潺潺流动的声音,似乎在讲述着它千年的故事。我找了几块光滑的石头,一次又一次地尝试让它们在水面上跳跃,每一次成功都让我兴奋不已。在这个小小的溪流边,我找到了无尽的乐趣和一片属于自己的宁静天地。

本章小结

本章主要介绍了轻松获取提示词文案的 10 个技巧,包括向 ChatGPT 提问的技巧、输入适合的提示词、确定视频提示词的主题方向、细化主题描述加入限定语言、指定语言风格进行适当模仿、提供一个具体案例让其参考等内容。通过对本章内容的学习,读者可以熟练掌握运用 ChatGPT 生成图像或短视频提示词的方法。

课后习题

鉴于本章知识的重要性,为了让大家能够更好地掌握所学知识,下面将通过课后习题进行简单的知识回顾和补充。

(1) 请用 ChatGPT 写一篇关于男女主角邂逅的视频文案。

(2) 请用 ChatGPT 写一篇关于美食团购的视频文案。

课后习题 1

课后习题 2

穿越四季变换的壮观山脉

第 10 章 17 个技巧，获取图片与视频素材

学习提示

　　通过前面章节的学习，读者已经了解到 Sora 可以以图生视频，还可以在现有的视频上扩展视频内容，那么作为素材的图片或视频从哪里来呢？又可以通过什么样的方式获取呢？本章将向大家介绍获取图片与视频素材的方法，同样可以使用 AI 工具进行生成，大大提高了工作效率。

10.1 快速认识DALL·E 3工具

DALL·E 3是由OpenAI公司开发的第三代DALL·E图像生成模型，它能够将文本提示作为输入，并生成新图像作为输出。值得注意的是，DALL·E 3与ChatGPT都是由OpenAI公司开发的AI模型。

DALL·E 3拥有非常强大的图像生成能力，可以根据文本提示词生成各种风格的高质量图像，如图10-1所示。OpenAI公司表示，DALL·E 3比以往系统更能理解细微差别和细节，让用户更加轻松地将自己的想法转化为非常准确的图像。

你

一朵盛开的白色百合花，花瓣边缘轻微卷曲，花心中黄色的花粉和凸显的雌雄蕊清晰可见。这朵百合花置于一个充满绿色植物和细碎花朵的自然花园中，早晨的阳光穿透树叶缝隙，斑驳地照在百合花上，营造出一种温暖而宁静的氛围。一只小蝴蝶停留在附近的花瓣上，为整个画面增添了生动的气息。整个图像以写实风格呈现，着重展现百合花的纯洁。

DALL·E

Here are the images of the blooming white lily in a natural garden, with the morning sunlight and a small butterfly adding to the serene scene, all depicted in a realistic style.

图10-1 DALL·E 3根据提示词生成的图像效果

10.2 快速掌握Midjourney工具

Midjourney是一款基于AI技术的绘画工具，它能够帮助艺术家和设计师更快速、更高效地创建数字艺术作品。Midjourney提供了各种绘画工具和指令，用户只要输入相应的关键字和指令，就能通过AI算法生成相对应的图片，这一过程只需要不到一分钟。图10-2所示为使用Midjourney绘制的作品。

Midjourney具有智能化绘图功能，能够智能化地推荐颜色、纹理、图案等元素，帮助用户轻松创作出精美的绘画作品。同时，Midjourney 可以用来快速创建各种有趣的视觉效果和艺术作品，极大地方便了用户的日常设计工作。

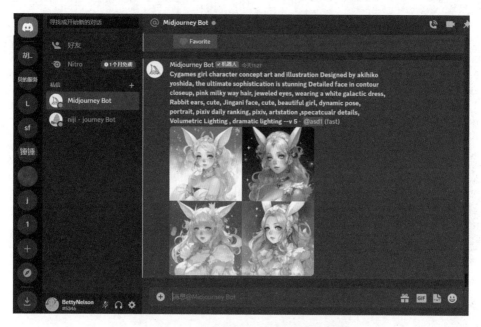

图 10-2　使用 Midjourney 绘制的作品

10.3　快速了解文心一格的功能

文心一格是由百度飞桨（PaddlePaddle）推出的一个 AI 艺术和创意辅助平台，利用飞桨的深度学习技术，帮助用户快速生成高质量的图像和艺术品，提高创作效率和创意水平，特别适合需要频繁进行艺术创作的人群，如艺术家、设计师和广告从业者等。文心一格平台可以实现以下功能。

（1）自动画像。用户可以上传一张图片，然后使用文心一格平台提供的自动画像功能，将其转换为艺术风格的图片。文心一格平台支持多种艺术风格，如二次元、漫画、插画和像素艺术等。

（2）智能生成。用户可以使用文心一格平台提供的智能生成功能，生成各种类型的图像和艺术作品。文心一格平台使用深度学习技术，能够自动学习用户的创意（即关键词）和风格，生成相应的图像和艺术作品。

（3）优化创作。文心一格平台可以根据用户的创意和需求，对已有的图像和艺术品进行优化和改进。用户只需要输入自己的想法，文心一格平台就可以自动分析和优化相应的图像和艺术作品。

图 10-3 所示为使用文心一格平台绘制的作品。

图10-3 使用文心一格平台绘制的作品

10.4 用提示词快速生成 AI 素材

DALL·E 3 生成的图片在图像质量和细节上都表现得十分优秀，即使是复杂冗长的提示词，DALL·E 3 依然能够理解，并根据提示词准确呈现出对应的画面细节。生成的图片效果越好，输入到 Sora 中生成的视频效果就越理想。

DALL·E 3 插件集成在 ChatGPT 中，是 OpenAI 官方推出的 GPTs 版（GPTs 是 OpenAI 公司推出的自定义版本的 ChatGPT），用户通过 GPTs 能够根据自己的需求和偏好，创建一个完全定制版的 ChatGPT。用户只需输入简单的提示词，DALL·E 3 便可以生成完全符合提示词的图像。下面介绍用提示词快速生成 AI 素材的操作方法。

步骤 01 打开 ChatGPT，进入 DALL·E 的操作界面，在输入框中输入以下提示词。

提问

在月光下的森林里，一群动物围坐在一起，举行一场特别的音乐会。

专家提醒

在 DALL·E 3 中进行 AI 绘图时，需要用户注意的是，即使是相同的关键词，DALL·E 3 每次生成的图片效果也不一样。

步骤 02 按 Enter 键确认，随后 DALL·E 将根据用户提供的提示词，生成相应的图片，如图 10-4 所示。

DALL·E

Here are the images of the special concert in the moonlit forest with the animals gathered together.

图 10-4 DALL·E 根据提示词生成两张图片

步骤 03 单击第 1 张图片，进入预览状态，单击下载按钮 ⬇，如图 10-5 所示。

步骤 04 执行操作后，即可将图片进行保存，效果如图 10-6 所示。

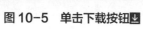

图 10-5 单击下载按钮 ⬇　　　　　　图 10-6 图片效果

10.5 使用具体描述进行 AI 绘图

DALL·E 3 不仅拥有强大的提示词执行能力，在处理复杂的提示词方面也展现了非常出色的效果。在处理更长更复杂的提示词时，DALL·E 3 也可以在画面中完整呈现提示词中的各类元素和特征。

　　用户在使用提示词生成图像时,可以提供想要生成对象的详细描述,包括外观、特征、颜色及形状等。例如,在编写提示词时,使用"一只粉色的大象,有着长长的鼻子和大大的耳朵",而不仅仅是"一只大象"。下面介绍具体的操作方法。

 打开 ChatGPT,进入 DALL·E 的操作界面,在输入框中输入以下提示词。

❓ 提问

　　一只小狗,毛发浓密而柔软,覆盖着金色的皮毛,蜷缩在窗台上,窗外是绵绵细雨的景色。

步骤 02 按 Enter 键确定,随后 DALL·E 将根据用户提供的提示词,生成相应的图片,如图 10-7 所示。

● **DALL·E**

Here are the images of the small dog curled up on the windowsill with the gentle rain outside.

图 10-7　生成图片效果

📢 专家提醒

　　可以看到,提供尽可能详细和清晰的提示词,可以使模型能够更好地理解并按照用户的要求进行图像生成。

10.6　添加情感动作进行 AI 绘图

　　用户可以通过在提示词中添加情感和动作描述,引导 AI 模型生成更富有情感和故事性的图像，使其中的元素不仅是静态的物体，还能够传达出情感、生动感和互动性。这种方法对于需要表达情感或讲述故事的图像生成非常有用，如广告、艺术创作和娱乐产业。下面介绍添加情感动作进行 AI 绘图的操作方法。

步骤 01 打开 ChatGPT，进入 DALL·E 的操作界面，在输入框中输入以下提示词。

?| 提问

一个小孩站在家门口，眼前出现了一道壮丽的彩虹，他手里拿着一把彩色雨伞，脸上洋溢着惊喜的笑容，背景是清新的空气和滴水的树叶，传递出雨后的清新和希望。

步骤 02 按 Enter 键确定，随后 DALL·E 将根据用户提供的提示词，生成相应的图片，如图 10-8 所示。

DALL·E

Here are the images of the child standing at the doorstep, amazed by the magnificent rainbow, with a colorful umbrella in hand and a joyful expression on their face, encapsulating the freshness and hope after the rain.

图 10-8　生成图片效果

📢 专家提醒

以上的提示词描述了一个情感愉悦、充满活力的场景，其中有一个小孩站在家门口，手里拿着一把彩色雨伞，背景是清新的空气和滴水的树叶。通过这个描述，DALL·E 可以理解生成图像所需的情感、动作和环境，以呈现出生动的场景。

10.7 引入背景信息进行 AI 绘图

用户可以通过引入背景信息，引导 AI 模型生成更细致、丰富和富于情感的图像，描述图像发生的地点或时间，这可以包括场景的位置（城市、乡村、室内、室外等）、季节（春天、夏天、秋天、冬天）、天气状况（晴天、雨天、雪天）等。

引入背景信息有助于模型理解生成图像的上下文，并使图像更具情感和氛围。下面介绍具体的操作方法。

步骤 01 打开 ChatGPT，进入 DALL·E 的操作界面，在输入框中输入以下提示词。

? 提问

在一个晴朗的夏夜，一群萤火虫在空中飞舞，发出温柔的光芒。一个小孩坐在草地上，用一个小玻璃罐轻轻地捕捉这些发光的小生物，周围是蓝紫色的夜景和稀疏的树木。

步骤 02 按 Enter 键确定，随后 DALL·E 将根据用户提供的提示词，生成相应的图片，如图 10-9 所示。

DALL·E

Here are the images of a child capturing fireflies on a clear summer night, surrounded by a magical blue-purple night landscape.

图 10-9 生成图片效果

📢 专家提醒

以上的提示词描述了一个晴朗夏夜的场景，其中包括了小孩的动作，以及环境和季节等细节，通过这些提示词，DALL·E 可以理解用户期望的图像场景和氛围，并生成富有背景信息的 AI 图像。

10.8 使用具体数量进行 AI 绘图

使用具体的数量是一种生成图像的提示方法，它通过指定图像中的物体数量，帮助 AI 模型更好地理解生成图像的要求。

这种方法涉及提供关于图像中出现的物体、人物或元素的具体数量。数量可以是整数，如 1、2、3 等，也可以是其他描述性的词语，如"1 对""3 群"等，数量描述可以使生成的图像更加具体和清晰。下面介绍具体的操作方法。

步骤 ①① 打开 ChatGPT，进入 DALL·E 的操作界面，在输入框中输入以下提示词。

❓ 提问

春天里，樱花树下一片粉红色的海洋，花瓣随风飘落，如同轻盈的雪花，3 只小白兔在树下开心地玩耍，享受春天的温暖与美好。

步骤 ②② 按 Enter 键确定，随后 DALL·E 将根据用户提供的提示词，生成相应的图片，如图 10-10 所示。

DALL·E

Here are the newly generated images of the spring scene with cherry blossoms and the three little white rabbits enjoying the warmth and beauty of the season.

图 10-10 生成图片效果

📢 专家提醒

以上的提示词描述了一个具体的场景，提示词中的数字可以明确指示场景中元素的数量，如"3 只小白兔"，确保生成的图像中包含正确数量的对象，提高了描述的精确性和图像的准确反映。另外，提示词中还描述了季节和环境的背景信息，通过这些描述，DALL·E 可以理解生成图像时所需的元素数量和情景，以呈现出一个明确数量的、生动的场景。

10.9　增加提示词提升图像的艺术性

在使用 DALL·E 进行生图时，添加提示词 Quixel Megascans Render（真实感）可以提升 DALL·E 生成图片的艺术性。Quixel Megascans 是一个丰富的虚拟素材库，其中的材质、模型、纹理等资源非常逼真，能够帮助用户开发更具个性化的作品。

下面介绍增加提示词提升图像艺术性的操作方法。

步骤 01 打开 ChatGPT，进入 DALL·E 的操作界面，在输入框中输入以下提示词。

🔲 提问

一个新娘的背影，温柔安静，卷发，白色婚纱长裙，头上戴着白纱，在森林里，温柔的阳光，细节清晰，Quixel Megascans Render。

步骤 02 按 Enter 键确定，随后 DALL·E 将根据用户提供的提示词，生成具有艺术性的图片效果，如图 10-11 所示。

DALL·E

Here are the images of the bride in the forest, captured in a moment of serene beauty with soft sunlight filtering through the trees, highlighting the elegant details of her dress and veil.

图 10-11　生成图片效果

10.10　运用光线追踪生成高质量图像

光线追踪（Ray Tracing），该提示词主要用于实现高质量的图像渲染和光影效果，让 DALL·E 生成的场景更逼真、材质细节表现更好，从而令画面更加优美、自然，下面介绍具体操作方法。

步骤 ⑴ 打开 ChatGPT，进入 DALL·E 的操作界面，在输入框中输入以下提示词。

❓ 提问

在这个秋日的傍晚，夕阳如同一位温柔的画家，将它最后的温暖倾洒在无垠的海面上。海浪在光影的交织下，仿佛被镀上了一层金色的辉煌，真实的摄影风格，Ray Tracing。

步骤 ⑵ 按 Enter 键确定，随后 DALL·E 将根据用户提供的提示词，生成高质量的图像光影效果，如图 10-12 所示。

🔵 DALL·E

Here are the images capturing the autumn evening's golden brilliance on the sea, rendered in a realistic photography style enhanced by Ray Tracing technology, showcasing the majestic beauty and tranquility of the scene.

图 10-12　生成图片效果

10.11　运用光线投射捕捉环境光线

使用提示词光线投射（Ray Casting）可以有效地捕捉环境和物体之间的光线交互过程，并以更精确的方式模拟每个像素点的光照情况，实现更为逼真的画面渲染效果。通过这种技术，可以创建逼真的场景效果，并在虚拟环境中控制光线、角度、景深等，以产生与真实摄影相似的效果，下面介绍具体操作方法。

步骤 ⑴ 打开 ChatGPT，进入 DALL·E 的操作界面，在输入框中输入以下提示词。

?≡ 提问

一个女孩坐在草坪上看日落，温馨的风格，照片逼真的风景，Ray Casting。

步骤 ⓪② 按 Enter 键确定，随后 DALL·E 将根据用户提供的提示词，生成相应的图片，可以有效地捕捉环境和物体之间的光线交互，效果如图 10-13 所示。

◔ **DALL·E**

Here are the images of a girl sitting on a lawn watching the sunset, depicted in a warm, cozy style with a photo-realistic landscape rendered using advanced lighting techniques to capture the serene and peaceful moment.

图 10-13　生成图片效果

📢 专家提醒

Ray Casting 渲染技术通常用于实现全景渲染、特效制作、建筑设计等领域。基于 Ray Casting 渲染技术，能够模拟出各种通量不同、形态各异且非常立体的复杂场景，包括云朵形态、水滴纹理、粒子分布、光与影的互动等。

10.12　生成抽象主义风格的 AI 图像

抽象主义（Abstractionism）是一种以形式、色彩为重点的艺术流派，通过结合主体对象和环境中的构成、纹理、线条等元素进行创作，将真实的景象转化为抽象的图像，传达出一种突破传统审美习惯的审美挑战，在使用 DALL·E 输入提示词时添加 Abstractionism 能够快速做出该效果。下面介绍制作抽象主义风格图像的操作方法。

步骤 ⓪① 打开 ChatGPT，进入 DALL·E 的操作界面，在输入框中输入以下提示词。

?] 提问

沙漠中的沙丘，有明显的沙线，拍摄的照片，算法艺术，纹理和分层，Abstractionism。

步骤 02 按 Enter 键确定，随后 DALL·E 将根据用户提供的提示词，生成抽象主义风格的图片效果，如图 10-14 所示。

Here are the images capturing the essence of desert dunes through an abstractionist lens, focusing on the intricate textures and layers shaped by nature, rendered with an algorithmic art approach.

图 10-14 生成图片效果

10.13 生成极简主义风格的 AI 图像

极简主义（Minimalism）是一种强调简洁、减少冗余元素的艺术风格，旨在通过精简的形式和结构来表现事物的本质和内在联系，追求视觉上的简约、干净和平静，让画面更加简洁而具有力量感。

下面介绍使用 DALL·E 生成极简主义风格的 AI 绘画作品的操作方法。

步骤 01 打开 ChatGPT，进入 DALL·E 的操作界面，在输入框中输入以下提示词。

?] 提问

徽派建筑，极简主义黑白风格，宁静和谐，简单，Minimalism。

📢 **专家提醒**

在DALLE中，极简主义风格的提示词包括简单（Simple）、简洁的线条（Clean lines）、极简色彩（Minimalist colors）、负空间（Negative space）、极简静物（Minimal still life）。

步骤 02 按 Enter 键确定，随后 DALL·E 将根据用户提供的提示词，生成极简主义风格的图片效果，如图 10-15 所示。

◐ DALL·E

Here are the images showcasing Huizhou-style architecture with a minimalist black and white aesthetic, emphasizing serenity and harmony.

图 10-15　生成图片效果

10.14　生成流行艺术风格的 AI 图像

流行艺术（Pop Art）风格是指在特定时期或一段时间内，具有代表性和影响力的艺术形式或思潮，具有鲜明的时代特征和审美风格。

下面介绍使用 DALL·E 生成流行艺术风格的 AI 绘画作品的操作方法。

步骤 01 打开 ChatGPT，进入 DALL·E 的操作界面，在输入框中输入以下提示词。

❓ **提问**

一位漂亮的女生，鲜艳的色彩，点彩技术，漫画元素，大胆轮廓，流行文化图案，Pop Art。

🔈 **专家提醒**

　　流行艺术的风格和表现手法受到商业广告和产品包装设计的影响，强调视觉吸引力和直接传达信息的能力，通常使用鲜艳、对比强烈的颜色，并采用简单明快的线条和形状，以产生视觉冲击力。

　　步骤 02　按 Enter 键确定，随后 DALL·E 将根据用户提供的提示词，生成流行艺术风格的图片效果，如图 10-16 所示。

◐ **DALL·E**

Here are the images capturing the essence of a beautiful girl in vibrant colors, comic book elements, and bold outlines, all presented in a lively Pop Art style.

图 10-16　生成图片效果

10.15　生成民俗节日风格的 AI 图像

　　民俗节日插画是具体呈现和庆祝特定文化和地区传统民俗节日的插画类型，这种插画通常包含了与该节日相关的元素，以庆祝和传播这些节日的独特意义，可以通过 DALL·E 快速生成民俗节日插画。

　　步骤 01　打开 ChatGPT，进入 DALL·E 的操作界面，在输入框中输入以下提示词。

⁇ **提问**

　　想象一个温暖而明亮的中秋节夜晚，一家人围坐在院子里，明亮的月光照在他们的脸上，显得特别温馨。院子中央摆放着一张圆桌，上面摆满了五彩缤纷的月饼和水果。空中飘浮着孩子们放飞的灯笼，远处可以看到若干个孩子在追逐玩耍。天空中的满月异常明亮，将一切照耀得如同白昼。此画面既展现了中秋节团圆的气氛，也体现了传统文化的美丽和温馨。

📣 **专家提醒**

艺术插画通常是指专门为了补充、解释或装饰文字而创作的图像，它可以出现在书籍、杂志、广告、电影、动画甚至是网页上。与纯粹为了艺术本身而创作的作品不同，插画的主要目的在于通过视觉手段传达特定的信息或情感。

步骤 02 按 Enter 键确定，随后 DALL·E 将根据用户提供的提示词，生成相应民俗节日风格的图片效果，如图 10-17 所示。

DALL·E

Here are the images capturing the warm and bright Mid-Autumn Festival night you described. They showcase the family gathering in the yard under the moonlight, with a table full of mooncakes and fruits, and children playing with lanterns in the background.

图 10-17 生成图片效果

10.16 生成电影海报风格的 AI 图像

电影海报是一种专门为电影制作的视觉艺术作品，用于宣传和营销电影。电影海报的设计目的是吸引潜在观众的注意，激发他们对电影的兴趣，并传达电影的主题或情感基调。下面介绍使用 DALL·E 生成电影海报的具体操作方法。

步骤 01 打开 ChatGPT，进入 DALL·E 的操作界面，在输入框中输入以下提示词。

❓ 提问

生成一张动画片题材的电影海报。

🔊 **专家提醒**

　　海报设计是一种视觉传达艺术，用于创造吸引目光的图像和文字布局，以传达信息、宣传活动、突出产品特点等。电影海报的首要任务是吸引目标观众的注意力，通常使用醒目的颜色、大胆的字体和引人注目的图像。除了吸引观众外，电影海报还承担着传递信息的任务，包括电影名称、主演、导演、上映日期、标语或口号，这些信息的布局和呈现方式旨在清晰而不失美感。

　　步骤02 按 Enter 键确定，随后 DALL·E 将根据用户提供的提示词，生成相应的图片，如图 10-18 所示。

DALL·E

Here are the animated movie posters you requested. They capture a vibrant and magical world, featuring a group of adventurous friends set against a backdrop of whimsical creatures and fantastical landscapes.

图 10-18　生成图片效果

　　步骤03 在输入框中继续输入"给海报添加一个标题，标题的内容是'Happy Family（快乐家族）'"，按 Enter 键确定，DALL·E 将根据提示词生成附带标题的电影海报，如图 10-19 所示。

DALL·E

Here are the animated movie posters with the title "Happy Family" added. They capture a vibrant and magical world, featuring an adventurous family set against a backdrop of whimsical creatures and fantastical landscapes, promising fun, mystery, and exploration.

图 10-19　给海报添加一个标题

10.17　运用剪映的图文成片生成视频

剪映电脑版的"图文成片"功能非常强大，用户只需要提供文案，就能获得一个有字幕、朗读音频、背景音乐和画面的视频。将这种视频输入到 Sora 中，即可使用扩展视频功能创作出令人满意的视频作品。下面主要介绍使用 ChatGPT 生成相应的视频文案，然后将文案运用到剪映中生成视频素材的操作方法。

步骤 01　在 ChatGPT 中输入相应的指令，按 Enter 键确定，便可以得到 ChatGPT 生成的回复，相关指令和回复内容如下。

提问

我需要使用 AI 工具生成一段风光摄影的短视频，请给我关于这段短视频的提示词，字数限定在 100 字以内。

☑ **ChatGPT**

为你的风光摄影短视频，这样的提示词可能会有帮助："穿越四季变换的壮观山脉，从春天的嫩绿到夏日的繁花，再到秋天的金黄和冬季的银装素裹。摄影镜头缓缓移动，捕捉到清晨雾气环绕的山峰，日落时分金色光辉洒满山巅，以及夜幕下闪烁的星辰。展现自然界的宁静与壮丽。"这个描述尝试涵盖了自然界的多样性和美丽，以及时间流逝的感觉，适合用来创作一个引人入胜的风光摄影短视频。

步骤 02 在 ChatGPT 生成的文案中，选择相应的文案内容，在文案上右击，在弹出的快捷菜单中选择"复制"命令，复制 ChatGPT 的文案内容，将其粘贴到记事本中，进行适当的修改，以优化生成的视频效果，如图 10-20 所示。

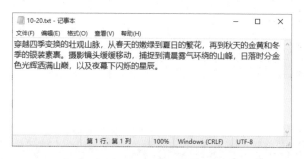

图 10-20 对文案进行适当的修改

步骤 03 打开剪映电脑版，在首页单击"图文成片"按钮，如图 10-21 所示。
步骤 04 弹出"图文成片"面板，单击"自由编辑文案"按钮，如图 10-22 所示。

图 10-21 单击"图文成片"按钮

步骤 05 进入相应面板，然后打开记事本，全选修改后的文案内容，选择"编

辑"|"复制"命令，复制文案内容，并粘贴到"图文成片"面板中，如图10-23所示。

图10-22 单击"自由编辑文案"按钮

图10-23 粘贴到"图文成片"面板中

📢 专家提醒

在剪映中运用"图文成片"功能制作短视频效果时，需要用户注意的是，即使是相同的文案内容，剪映每次生成的短视频效果也不一样。

步骤 06 单击"那姐"右侧的 ◢ 按钮，在弹出的下拉列表中选择"广告男声"选项，如图10-24所示，可更改朗读人声。

图 10-24　选择"广告男声"选项

步骤 ⓞ⑦ 单击"生成视频"按钮，在弹出的下拉列表中选择"智能匹配素材"
选项，如图 10-25 所示。

图 10-25　选择"智能匹配素材"选项

步骤 ⓞ⑧ 执行操作后，即可开始生成对应的视频效果，并显示视频生成进度，
稍等片刻，即可进入剪映的视频编辑界面，在视频轨道中可以查看剪映自动生成的
短视频缩略图，如图 10-26 所示。

图 10-26　查看剪映自动生成的短视频缩略图

在"导出"对话框中，用户还可以根据需要设置视频的分辨率、码率、编码、格式及帧率等选项，选择是否导出音频文件。

步骤 09 单击右上角的"导出"按钮，弹出"导出"对话框，设置视频的标题，单击"导出至"右侧的 ⬚ 按钮，如图 10-27 所示。

图 10-27　单击"导出至"右侧的 ⬚ 按钮

步骤 ⑩ 弹出"请选择导出路径"对话框，在其中选择视频的导出位置，单击"选择文件夹"按钮，如图 10-28 所示。

图 10-28 单击"选择文件夹"按钮

步骤 ⑪ 返回"导出"对话框，单击"导出"按钮，即可导出视频文件。双击导出的视频文件，即可预览视频效果，如图 10-29 所示。

图 10-29 预览视频效果

日落时分金色光辉洒满山巅

以及夜幕下闪烁的星辰

图10-29 预览视频效果（续）

本章小结

本章主要介绍了获取图片与视频素材的 17 个技巧，包括用提示词快速生成 AI 素材、使用具体描述进行 AI 绘图、添加情感动作进行 AI 绘图、引入背景信息进行 AI 绘图以及使用具体数量进行 AI 绘图等内容。通过对本章内容的学习，读者可以熟练掌握获取图片与视频素材的方法，轻松获得理想的素材内容。

课后习题

鉴于本章知识的重要性，为了让大家能够更好地掌握所学知识，下面将通过课后习题进行简单的知识回顾和补充。

(1) 请用 DALL·E 生成两幅红玫瑰的 AI 图像。

(2) 请用 DALL·E 生成两幅端午节的民俗节日 AI 图像。

课后习题 1

课后习题 2

第 11 章 13 个场景，熟知 Sora 的商业应用

学习提示

　　随着 AI 技术的不断进步，短视频内容创作与生成领域正迎来巨大的商业机遇，Sora 因其在视频生成时长、分辨率、语言理解深度和细节生成能力等方面的显著优势，未来可能在影视、动画、教育、广告、游戏、电商、医疗、科研、新闻、房产以及旅游等多个商业场景中发挥重要作用，本章将深入探讨 Sora 的商业应用场景。

11.1 场景 1：用于影视行业

Sora 能够快速生成高质量的视频内容，可以在较短的时间内完成电影预告片或特效片段的制作，能够根据电影的风格、主题和氛围定制独特的预告片，吸引目标观众。Sora 具有丰富的创意和想象力，可以创造出多样化的场景、特效和动画效果，为电影片段增添新奇和独特的元素，还能够在制作过程中节省成本。

Sora 在视频生成中能够更好地理解物理世界，产生真实的镜头感，这对于需要制作高度真实感的电影电视节目尤为重要。通过 Sora，影视制作人可以生成更具沉浸感和情感共鸣的视频内容，提升观众的观影体验，相关示例如图 11-1 所示。

▷ Sora 案例生成 ◁

步骤 01 输入的提示词：

An extreme close-up of an gray-haired man with a beard in his 60s, he is deep in thought pondering the history of the universe as he sits at a cafe in Paris, his eyes focus on people offscreen as they walk as he sits mostly motionless, he is dressed in a wool coat suit coat with a button-down shirt , he wears a brown beret and glasses and has a very professorial appearance, and the end he offers a subtle closed-mouth smile as if he found the answer to the mystery of life, the lighting is very cinematic with the golden light and the Parisian streets and city in the background, depth of field, cinematic 35mm film.

步骤 02 生成的视频效果：

这是使用 Sora 生成的一段白发男人的特写镜头。

图 11-1 白发男人的特写镜头

中文大意：这是一个 60 多岁留着胡子的白发男人的特写镜头。他坐在巴黎的一家咖啡馆里，沉思着宇宙的历史。当人们走着的时候，他的眼睛聚焦在屏幕外的人身上，他几乎一动不动地坐着。他穿着羊毛外套西装外套和纽扣衬衫，戴着棕色贝雷帽和眼镜，最后，他微微一笑，仿佛找到了生命之谜的答案，灯光非常像电影，背景是金色的灯光和巴黎的街道和城市，景深，35 毫米电影胶片。

从图 11-1 可以看到，Sora 生成的这段视频采用了特写镜头，聚焦在男人的面部特征（包括年龄、胡须和表情，表现了他的成熟和深沉的气质），以及他的服装和周围环境的细节上，画面清晰有质感，丰富的人物面部细节与逼真的场景成功地吸引了观众的眼球。这段视频通过精细的画面呈现和氛围营造，成功地展现了男子在巴黎咖啡馆中深思的场景和情感内涵。

总之，Sora 的出现对传统影视创作模式产生了深远的影响，它简化了拍摄和后期制作的过程，降低了创作成本，同时提高了创作效率和内容质量，这些变化可能会促使传统影视制作模式发生根本性的变革。

11.2　场景 2：用于动画行业

Sora 可以根据用户的输入和指示生成不同风格和主题的动画，包括卡通、写实、科幻等，从而创造出更加多样化的内容，满足不同观众的喜好和需求。作为动画制作工具 Sora 具有定制化内容、丰富多样的风格、高效生产、高质量动画和灵活性等优势，能够为动画制作领域带来创新和便利，还能为动画制作带来新的可能性，可以尝试一些传统手工无法实现的效果和风格，推动了动画行业的发展。

传统的动画片制作需要耗费大量的人力和时间，而利用 Sora 模型，制作人员可以通过输入基本的剧情和角色设定，让模型自动生成动画片的角色形象、场景描述、动作细节等，从而极大地提高了制作效率和便捷性，相关示例如图 11-2 所示。

▷ Sora 案例生成 ◁

步骤 01 输入的提示词：

An adorable kangaroo wearing blue jeans and a white t shirt taking a pleasant stroll in Mumbai India during a beautiful sunset.

步骤 02 生成的视频效果：

这是使用 Sora 生成的一段袋鼠在印度孟买愉快散步的视频效果，Sora 基本还原了提示词描述的画面，如袋鼠、蓝色牛仔裤、白色 T 恤等。

中文大意：在美丽的日落中，一只可爱的袋鼠穿着蓝色牛仔裤和白色 T 恤在印度孟买愉快地散步。

图11-2　袋鼠在印度孟买愉快地散步

从图11-2可以看到，Sora能够依据文本指令创造出生动的画面，确保动画中的每一个元素都与描述相匹配，从而生成一个既符合用户期望又充满创意的动画片。同时，由于Sora具备强大的语言理解能力和细节生成能力，它还可以帮助制作人员更好地把握角色性格和情感表达，让动画片更加生动、真实。

11.3　场景3：用于教育行业

Sora在教育内容创作中具有广泛的潜在商业应用潜力，包括但不限于提高教学效果、满足多样化学习需求、创造沉浸式学习体验、促进远程协作以及推动教育行业的变革等方面，相关介绍如下。

❶ 提高教学效果。Sora能够根据用户提供的文本描述生成长达60秒的视频，这些视频不仅保持了视觉品质，而且完整、准确地还原了用户的提示词。这意味着教师可以利用Sora生成与课程相关的视频资料，相关示例如图11-3所示。

❷ 满足多样化学习需求。Sora能够更好地满足不同类型学生的需求，无论是高水平学生，还是在特定概念或学科上有挑战的学生，或是在课堂上不愿意举手的学生，以及那些有特殊学习需求的学生。这使教育机构可以根据不同类型学生的特点，提供更加个性化和有效的教学内容。

❸ 创造沉浸式学习体验。Sora具有多镜头展示功能，通过其世界模型能力，创造出深度互动且内容丰富的场景，为视频生成带来了新的创意层次。这种技术不仅能够提升学习效率，还能够增强学生的沉浸式学习体验。

❹ 促进远程协作。在远程协作方面，Sora的应用可以为远程教学提供更加丰

富和直观的视频资源，帮助教师更有效地进行远程指导和互动。

❺ 推动教育行业的变革。Sora 的发布被认为将对教育行业产生深远影响，不仅预示着教育行业内部的变革，也可能引发外部行业的连锁反应，为教育行业带来更多创新和发展机遇。

▷ Sora 案例生成 ◁

步骤 01 输入的提示词：

A butterfly flies on a coral reef in the seawater, surrounded by other corals and seaweed, as well as water, underwater environment, micro photography, ecological art.

步骤 02 生成的视频效果：

这是 Sora 生成的一只蝴蝶在海水中的珊瑚礁上飞行的视频效果。

图 11-3　一只蝴蝶在海水中的珊瑚礁上飞行

中文大意： 一只蝴蝶在海水中的珊瑚礁上飞行，周围环绕着其他珊瑚和海藻，还有水，水下环境，微距摄影，生态艺术。

11.4　场景 4：用于广告行业

Sora 能够基于文本提示生成视频，这意味着广告公司可以在短时间内生成大量的广告素材，从而提高工作效率和降低运营成本。Sora 对广告行业 AI 视频化有极大的推动作用，能够大幅降低视频广告的制作成本和制作时间，从而提升广告的转化效果。通过 AI 工具快速生成一段完整视频的能力，可以显著缩短广告从创意到执行的周期，从而提高广告的制作效率和营销效果。

Sora 这类 AI 视频生成技术的应用，不仅能够提高内容生成的效率，还包括对广告创意的创新和优化。例如，京东电器发布的开放式广告，即由消费者定义场景创意，京东通过 AIGC 为用户定制实现想要的画面，这种创新的广告形式通过 AI 技术实现了个性化广告的可能，进一步提升了广告效果。

📢 **专家提醒**

AIGC（Artificial Intelligence Generated Content，人工智能生成内容）是一种新型的 AI 技术，它利用机器学习、深度学习等技术对大量的语言数据进行分析、学习和模拟，从而实现对自然语言的理解和生成。AIGC 可以应用于多个领域，如新闻媒体、广告销售、电子商务等，通过自动生成文本、图片、视频等内容，提高生产效率，降低成本。

相比传统的广告制作方式，使用 Sora 可以节省大量时间和成本，无需烦琐的拍摄和后期制作过程，只需简单的文本输入即可生成广告内容。Sora 生成的广告内容画面精美、动作流畅，能够吸引目标受众的注意力，增加广告的曝光度和点击率。

11.5 场景5：用于游戏行业

Sora 具备强大的文本理解能力和细节生成能力，这使它在游戏领域有着广泛的应用前景。开发者可以利用 Sora 的能力，创造出更加生动、真实的游戏内容，提升玩家体验，相关介绍如下。

❶ 丰富游戏内容。Sora 生成的游戏片段可以增加游戏的内容和玩法，为玩家提供更多样化和丰富的游戏体验，如图 11-4 所示。

❷ 提高开发效率。传统的游戏开发通常需要大量的人力和时间，而利用 Sora 生成游戏片段可以大大提高开发效率，节省开发成本。

❸ 增加游戏可玩性。Sora 生成的游戏片段可以根据玩家的行为和选择进行动态调整，增加游戏的可玩性和挑战性。

❹ 个性化游戏体验。Sora 可以根据玩家的偏好和游戏习惯生成个性化的游戏内容，提供更符合玩家口味的游戏体验。

❺ 应对不同平台和设备。Sora 生成的游戏片段可以适配不同的游戏平台和设备，满足不同玩家群体的需求。

❻ 探索创新可能性。Sora 技术的不断发展和创新为游戏开发带来了新的可能性，可以尝试一些传统游戏无法实现的效果和玩法，推动游戏行业的发展。

图 11-4 游戏片段

总体来说，使用 AI 生成游戏片段可以为游戏开发带来更多的便利和可能性，丰富游戏内容，提高开发效率，增加游戏可玩性，推动游戏行业的发展。

11.6 场景 6：用于电商行业

Sora 能够生成高质量的视频内容来展示产品，这对于电商从业者来说是一个巨大的优势。通过使用 Sora，商家可以制作出更加吸引人的产品介绍视频，提高顾客的购买意愿。Sora 在电商产品展示中的应用前景和潜力主要体现在以下几个方面。

❶ 技术的先进性和创新性。Sora 采用了变换器架构的扩散模型，这在视频生成模型中是一种创新的技术架构，能够大幅提升 Sora 的可扩展性和数据采样的灵活性。此外，Sora 能够生成具有多个角色、特定类型的运动以及主体和背景的准确细节的复杂场景，这表明其在生成高质量视频内容的能力上具有显著优势，具体应用可以参考 AI 模特变装、虚拟试衣等。

❷ 降低视频制作门槛和成本。Sora 的出现极大降低了视频创作的门槛和成本。不需要任何编程或视频制作基础，只需输入提示词指令，即可生成长达 60 秒的 4K 高清视频，且能做到类似电影一镜到底的震撼视觉效果。这对于中小型电商企业来说，意味着更低的成本和更高的效率，相关示例如图 11-5 所示。

❸ 提升用户体验和转化率。AI 视频生成技术可以将电商平台上的产品信息转化为视频，以吸引顾客的购买。Sora 能够生成具有明确的产品特点和卖点的短视频，能够直观地展示产品的使用场景和效果，从而激发顾客的购买兴趣。

❹ 促进多模态应用发展。Sora 利用扩散模型和变换器架构，能在多模态领域实现高效的语义理解和复杂场景生成，有望加速 AI 技术的商用进程，不仅为电商行业提供了新的营销手段，也为其他行业提供了借鉴。

▷ Sora 案例生成 ◁

步骤 01 输入的提示词：

A toy robot wearing a green dress and a sun hat taking a pleasant stroll in Mumbai India during a colorful festival.

步骤 02 生成的视频效果：

这是使用 Sora 生成的一个玩具机器人的视频效果。

图 11-5 一个玩具机器人视频

中文大意：一个玩具机器人穿着绿色连衣裙，戴着太阳帽，在印度孟买一个丰富多彩的节日里愉快地散步。

综上所述，Sora 在电商产品展示中的应用前景和潜力非常广阔，它不仅能提高产品展示的质量和吸引力，还能降低制作门槛，提升用户体验和转化率，同时也有助于推动多模态 AI 技术的发展。然而，需要注意的是，尽管 Sora 的潜力巨大，但其实际应用效果还需结合具体的电商场景和市场反馈作进一步验证。

11.7 场景 7：用于医疗行业

利用 Sora 生成医疗类视频可以促进医疗知识普及、患者教育、医护培训，还可以提升医疗服务质量，增强公众健康意识和应对能力，推动医疗健康事业的发展，相关介绍如下。

❶ 医疗知识普及。通过 Sora 生成医疗类视频，可以向大众传播医疗知识，提高公众对健康和医学的认识，促进健康教育和健康管理。

❷ 患者教育。医疗类视频可以用于患者教育，向患者介绍疾病的病因、症状、治疗方法等，帮助患者更好地理解自己的病情和治疗方案，提高治疗效果。

❸ 医护培训。医疗类视频可以用于医护人员的培训和教育，介绍医学知识、临床技能和最新的医疗技术，提高医护人员的专业水平和服务质量。

❹ 科普宣传。通过医疗类视频可以宣传医学科研成果、医疗技术的进步以及医疗机构的优质服务，提升公众对医学科学的信任和认可。

❺ 应对突发公共卫生事件。在突发公共卫生事件期间，可以利用医疗类视频向公众传达防疫知识、预防措施等信息，提高公众的防护意识和应对能力。

❻ 跨地域医疗资源共享。通过互联网和在线平台，医疗类视频可以实现医疗资源的跨地域共享，使优质的医疗知识和服务能够覆盖更广泛的地区和人群。

❼ 减少医疗误解和焦虑。医疗类视频可以解答公众对医疗问题的疑惑和误解，减少医疗焦虑，提升就医体验和满意度。

11.8 场景 8：用于公共宣传

公共宣传片是传达政府、组织或企业相关政策和活动等信息的有效工具，利用 Sora 生成的公共宣传片可以更快速、更具吸引力地向大众传达目标信息，提升宣传效果。通过公共宣传片可以塑造公众对特定议题的态度和认知，引导公众行为，推动社会进步和发展。

相比传统的视频制作方式，利用 Sora 生成的公共宣传片可以大大降低制作成本，节省人力、时间和金钱投入。Sora 生成的公共宣传片可以通过互联网等平台实现广泛的传播，提高宣传效率和覆盖范围。

在突发事件或危机发生时，可以利用 Sora 生成的公共宣传片迅速传递相关信息，应对舆情，减少公众的恐慌和误解。

11.9 场景 9：用于科学研究

将 Sora 应用于科学研究领域可以提高研究人员的工作效率，加深对研究内容的理解，并促进学术界的发展和进步，主要体现在图 11-6 所示的几个方面。

数据可视化 → 科学研究通常涉及大量的数据分析和结果展示，使用 Sora 可以将复杂的数据转化为易于理解的视频形式，从而更直观地展示研究结果

图 11-6 将 Sora 应用于科学研究的作用

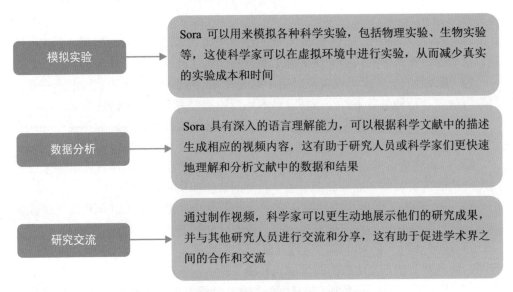

图11-6 将 Sora 应用于科学研究的作用（续）

11.10 场景10: 用于新闻报道

Sora 可以根据新闻事件的描述生成相应的视频内容，包括场景重现、人物动作等，从而为新闻报道增添生动和直观的视觉效果。通过视频形式呈现的新闻报道可以提高报道的吸引力和可读性，吸引更多观众关注和阅读。使用 Sora 生成的视频可以让观众更直观地了解新闻事件的发生和过程，相关示例如图11-7 所示。

> 📣 专家提醒
>
> 将 Sora 应用于新闻报道领域，可以增强新闻报道的效果及吸引力和互动性，同时节省了制作成本，推动了新闻报道的创新发展。另外，视频报道可以与文字报道相结合，增加报道的多样性和互动性，观众可以通过观看视频了解新闻内容，同时可以阅读文字报道获取更多的细节信息。

▷ Sora 案例生成 ◁

步骤 01 输入的提示词：

An old man wearing blue jeans and a white T shirt taking a pleasant stroll in Mumbai India during a colorful festival.

步骤 ⑩ 生成的视频效果：

这是 Sora 使用生成的一段纪实类的短视频片段，可用于纪实类的新闻报道中。

图 11-7　一段纪实类的短视频片段

中文大意： 一位身穿蓝色牛仔裤和白色 T 恤的老人，在印度的一个丰富多彩的节日中愉快地散步。

11.11　场景 11：用于房产展示

Sora 可以根据房产的不同特点和需求，定制生成符合客户要求的展示内容，包括房屋内部布局、装饰风格、家具摆放、展厅设计等，如图 11-8 所示。

图 11-8　房产展示

Sora 生成的虚拟房产展示具有逼真的视觉效果，包括高清晰度的画面、真实的光影效果和精致的细节，能够展现房产的实际情况。

11.12　场景12：用于旅游推广

通过 Sora 可以轻松创建多样化的旅游内容，包括风景、文化、美食、娱乐等，满足不同游客的需求和兴趣。Sora 具有高度的定制性，可以根据目的地的特点和需求，定制生成个性化的旅游推广视频，满足不同旅游品牌和地区的宣传要求，相关示例如图 11-9 所示。

▶ Sora 案例生成 ◀

步骤 01 输入的提示词：

A drone camera circles around a beautiful historic church built on a rocky outcropping along the Amalfi Coast, the view showcases historic and magnificent architectural details and tiered pathways and patios, waves are seen crashing against the rocks below as the view overlooks the horizon of the coastal waters and hilly landscapes of the Amalfi Coast Italy, several distant people are seen walking and enjoying vistas on patios of the dramatic ocean views, the warm glow of the afternoon sun creates a magical and romantic feeling to the scene, the view is stunning captured with beautiful photography.

步骤 02 生成的视频效果：

这是使用 Sora 生成的一段航拍的阿马尔菲海岸的旅游风光视频效果。

图 11-9　一段航拍的阿马尔菲海岸的旅游风光

图 11-9　一段航拍的阿马尔菲海岸的旅游风光（续）

中文大意： 一架无人机摄像机围绕着建在阿马尔菲海岸岩石上美丽的历史教堂盘旋，景观展示了历史悠久且宏伟的建筑细节以及分层的路径和露台，海浪拍打着下方岩石，俯瞰阿马尔菲海岸意大利的海岸水域和丘陵景观，远处有几个人在露台上漫步欣赏壮丽的海景，午后温暖的阳光为场景增添了神奇和浪漫的氛围，美丽的摄影捕捉到了令人惊叹的景象。

📢 **专家提醒**

相比传统的旅游推广视频的拍摄和制作方式，使用 Sora 进行视频创作不仅大大提高了效率，而且无需实际前往目的地进行拍摄和后期制作，节省了时间和成本。

11.13 场景13：用于社交媒体

利用 Sora 制作社交媒体内容，发布在个人自媒体账号中，可以吸引流量，能够为个人自媒体账号带来更多的关注和粉丝，提升账号的影响力和知名度。

将 Sora 制作的视频用于社交媒体，具有图 11-10 所示的优势和特点。

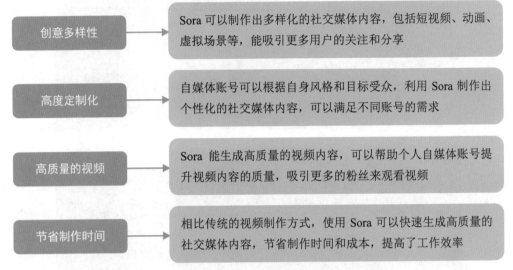

图 11-10 将 Sora 制作的视频用于社交媒体的优势

用户可以通过文本提示来影响 Sora 生成的视频内容，这样可以帮助个人自媒体账号制作出更具创意和质量的社交媒体内容，提升内容的观赏性，如图 11-11 所示。

图 11-11 用于社交媒体的视频内容

本章小结

本章主要介绍了 Sora 商业应用的 13 个场景，包括影视、动画、教育、广告、游戏、电商以及医疗等行业，还可用于宣传、科学研究、新闻报道、房产展示、旅游推广以及社交媒体等领域。通过对本章内容的学习，读者可以全面掌握 Sora 的商业应用场景，节省视频的制作成本。

课后习题

鉴于本章知识的重要性，为了让大家能够更好地掌握所学知识，下面将通过课后习题进行简单的知识回顾和补充。

（1）请简述将 Sora 生成的视频应用于教育行业有哪些作用。

（2）请简述将 Sora 生成的视频应用于游戏行业有哪些作用。

课后习题 1　　　　课后习题 2

第 3 篇
盈利模式

第 12 章 11 种方式，通过 Sora 实现财富增长

学习提示

目前 Sora 已火爆全球，许多人对 Sora 最直接的想法就是借助 Sora 如何赚到一桶金。确实，Sora AI 视频是一个潜力巨大的市场，但同时也是一个竞争激烈的市场。所以，大家要想用 Sora 进行盈利，就得掌握一定的盈利转化技巧。本章主要介绍 Sora 的多种盈利方式，希望对大家有所帮助和启发。

12.1 利用 Sora 实现知识付费

在 AI 领域，知识付费成为一种经典的好生意模式，特别是在过去的一年里，这种模式包括销售课程、社群培训、使用教程等，而与 Sora 相关的知识付费产品也成为其中的一种。图 12-1 所示为关于 Sora 知识付费产品的详细介绍。

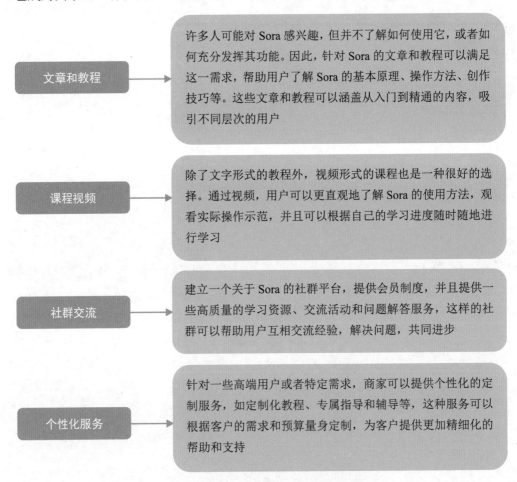

文章和教程	许多人可能对 Sora 感兴趣，但并不了解如何使用它，或者如何充分发挥其功能。因此，针对 Sora 的文章和教程可以满足这一需求，帮助用户了解 Sora 的基本原理、操作方法、创作技巧等。这些文章和教程可以涵盖从入门到精通的内容，吸引不同层次的用户
课程视频	除了文字形式的教程外，视频形式的课程也是一种很好的选择。通过视频，用户可以更直观地了解 Sora 的使用方法，观看实际操作示范，并且可以根据自己的学习进度随时随地进行学习
社群交流	建立一个关于 Sora 的社群平台，提供会员制度，并且提供一些高质量的学习资源、交流活动和问题解答服务，这样的社群可以帮助用户互相交流经验，解决问题，共同进步
个性化服务	针对一些高端用户或者特定需求，商家可以提供个性化的定制服务，如定制化教程、专属指导和辅导等，这种服务可以根据客户的需求和预算量身定制，为客户提供更加精细化的帮助和支持

图 12-1　关于 Sora 知识付费产品的详细介绍

12.2 出版 Sora 相关的专业图书

出版 Sora 相关的专业图书进行盈利，不仅可以帮助推广这项 AI 技术，还可以为行业从业者提供有价值的参考和指导，促进 Sora 技术在各个领域更广泛地应用和发展，下面进行相关分析。

❶ 技术介绍与指南。可以撰写一本介绍 Sora 技术的专业图书。这本书可以从

技术原理、算法解释、系统架构等方面详细介绍 Sora 的工作方式，通过解释 Sora 背后的技术原理，读者可以更好地了解这项技术的运作方式。

❷ 应用案例与示范。在书中包含各种不同领域的应用案例和示范，展示 Sora 在实际应用中的多样性和潜力，这些案例可以涵盖从影视制作到教育培训等不同行业，帮助读者理解 Sora 如何解决各种问题，并为他们提供启发和灵感。

❸ 实用指南和教程。提供关于如何使用 Sora 的实用指南和教程是很重要的，这些内容可以包括从开始使用 Sora 到高级功能的使用技巧，帮助读者快速上手并最大限度地发挥这项技术的潜力。

❹ 行业趋势和展望。分析视频制作行业的趋势和未来发展方向，探讨 Sora 在这些趋势中的地位和作用，这将使读者了解到 Sora 在未来可能带来的影响，并帮助他们更好地规划未来的发展方向。

❺ 案例研究与实践经验。通过真实的案例研究和实践经验，向读者展示 Sora 在实际应用中的效果和成果，这些案例可以包括从小规模项目到大型企业应用的各种情况，帮助读者了解 Sora 在不同情境下的表现和应用方法。

❻ 市场营销和推广。通过有效的市场营销和推广策略，将这本专业图书推广给目标读者群体，可以通过各种渠道，如社交媒体、行业会议、网络广告等进行，以确保图书能够被广泛认知和接受。

12.3　制作 AI 短视频进行盈利

对于制作与代生成 AI 短视频，又涉及两种不同类型的用户，针对他们的需求，商家可以提供不同的服务和营销策略，下面进行相关讲解。

1. 尝鲜用户

这类用户可能对 Sora 的 AI 视频生成技术感兴趣，但并不想自己花时间去学习和研究视频生成的过程，他们更倾向于直接获得 Sora 生成好的视频素材。

因此，为这类用户提供代生成服务是一个很好的选择，你可以利用 Sora 等工具生成高质量的 AI 视频，然后以一定的价格向这类用户销售。在市场上，可以提供一些免费的样品视频或者限时优惠活动，吸引这类用户尝试购买。

2. 定制化需求用户

另一类用户可能有特定的定制化需求，他们需要定制化的 AI 视频素材，来满足自己的需求。这些用户可能是企业、品牌、个人创作者等，他们希望通过 AI 视频展示自己的产品、服务、品牌形象等。

对于这类用户，商家可以提供定制化的服务，根据他们的需求和要求，使用 Sora 等工具生成符合其要求的视频素材。在营销方面，可以通过社交平台展示你的作品，吸引潜在客户的注意，并与他们进行沟通，了解他们的需求，提供个性化的解决方案。当然，这也依赖于你的视频剪辑与合成技术，是否能剪辑出独具风格的作品。

综上所述，针对不同类型的用户，可以采取不同的服务和营销策略，以满足他们的需求，提供高质量的 AI 视频素材，并从中获得收益。同时，要注重营销和品牌推广，通过展示优质的作品吸引更多的用户和客户。

12.4　出售 Sora 账号进行盈利

在 AI 工具领域，尤其是像 Sora 这样的 AI 视频工具，第一波流量大概率在 Sora 账号的交易上，就是让用户先用上工具，才能让用户了解其功能和效果。因此，拥有 Sora 账号或获得邀请码成为用户获取工具的主要途径之一。

在早期阶段，OpenAI 公司可能会采取限制性注册的方式，通过邀请码来控制用户规模，并提高工具的稀缺性。这种策略有助于激发用户的兴趣和期待，从而推动了账号和邀请码的交易。就像当初 ChatGpt 账号的注册，就有商家售卖 ChatGPT 的账号，赚到了一大桶金。

早期，大家可以通过账号和邀请码的交易赚取一定的收益，因为在工具刚刚发布时，由于稀缺性，账号和邀请码的价值会相对较高。随着 Sora 的发展和政策调整，后续可能会有更多的盈利机会。例如，商家可以考虑提供 Sora 的充值服务，用户通过充值可以获得更多的 Sora 功能，或优先体验 Sora 的新功能等，这种盈利方式能够利用 Sora 的热度和稀缺性，为用户和投资者带来双重收益。

因此，通过售卖 Sora 账号或邀请码，以及提供其他的增值服务，可以实现对 Sora 的盈利，这种方式充分利用了工具的稀缺性和用户的需求，为早期参与者和投资者提供了盈利机会。

12.5　出售视频提示词进行盈利

提示词也可以称为 Prompt，输入给 AI 模型，用于引导其生成特定类型的内容，如文本、图像或视频，它在 AI 领域被广泛应用。在 AI 绘画和 AI 视频生成工具中，提示词的作用类似于艺术家的创意构思或导演的指导，它定义了生成内容的主题、情感和风格。

在交易平台上，用户可以上传自己设计的提示词，然后设定价格等信息，其他用户可以购买这些提示词，用于他们自己生成 AI 视频。对于那些熟悉 AI 技术的人来说，他们很容易设计出一个好的提示词，因此优质的提示词往往能够吸引更多的购买者，也能以较高的价格售出。图 12-2 所示为某平台售卖 Sora 提示词的案例。

对于 AI 视频生成工具而言，一个好的提示词可以激发模型生成出令人满意的视频内容，因此有一定的市场价值，这种交易模式为创作者提供了一种新的盈利方式，也促进了 AI 技术的进步和应用。

图 12-2　某平台售卖 Sora 提示词的案例

12.6　通过自媒体账号实现收益

Sora 是一款功能强大的 AI 视频生成工具，可以帮助用户快速生成高质量的视频内容，无需复杂的视频制作技能和大量时间成本。用户将 Sora 生成的视频发布到自媒体账号上，如抖音、快手、视频号、小红书、B 站等，可以直接面向海量用户群体，获取更多的曝光度和关注度。

国内的自媒体平台拥有庞大的用户基础和活跃的内容创作环境，能够为视频提供广阔的传播空间和更多的观众。小红书、视频号等平台相对不那么内卷，更注重内容质量和用户体验，适合发布更具有创意和品质的视频内容，很容易获得稳定的流量。

从长期来看，自媒体从业者需要不断尝试和探索，形成自己独特的 AI 视频风格，吸引更多的关注和粉丝。例如，可以尝试复活和名人进行访谈、宠物视频、二次元动漫混剪、电影混剪等不同类型的视频内容，以满足不同用户群体的需求。当用户自媒体账号的流量上来了，就可以通过带货来盈利了。

12.7　上传 Sora 视频到素材网站

将 Sora 生成的视频上传到素材网站进行售卖，这是一种短期收益的方式。国内有许多类似的短视频素材交易网站，这些网站提供了一种赚钱的途径，但相对来说，这类方式的可持续性较低，因为平台不会允许用户大量上传 AI 生成的视频素材。图 12-3 所示为专门售卖视频素材的网站。

图 12-3　专门售卖视频素材的网站

12.8　做视频小说实现商业收益

利用 Sora 为小说制作 AI 视频是一种创新的盈利方式，可以为内容创作者带来丰厚的商业收益。通过小说和 AI 视频制作相结合，创作并推广具有新颖性的 AI 视频小说，可以吸引更多的流量和粉丝，拓展商业盈利渠道，实现内容创作的双赢局面。下面针对这一盈利方法展开详细的介绍，如图 12-4 所示。

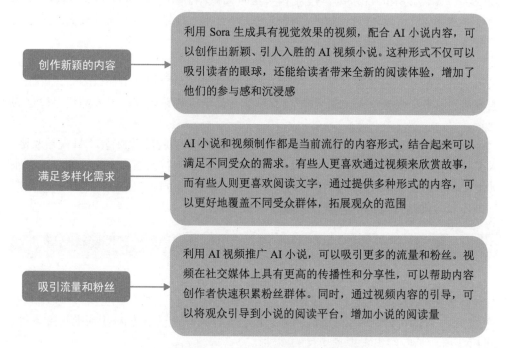

> **创作新颖的内容**
>
> 利用 Sora 生成具有视觉效果的视频，配合 AI 小说内容，可以创作出新颖、引人入胜的 AI 视频小说。这种形式不仅可以吸引读者的眼球，还能给读者带来全新的阅读体验，增加了他们的参与感和沉浸感

> **满足多样化需求**
>
> AI 小说和视频制作都是当前流行的内容形式，结合起来可以满足不同受众的需求。有些人更喜欢通过视频来欣赏故事，而有些人则更喜欢阅读文字，通过提供多种形式的内容，可以更好地覆盖不同受众群体，拓展观众的范围

> **吸引流量和粉丝**
>
> 利用 AI 视频推广 AI 小说，可以吸引更多的流量和粉丝。视频在社交媒体上具有更高的传播性和分享性，可以帮助内容创作者快速积累粉丝群体。同时，通过视频内容的引导，可以将观众引导到小说的阅读平台，增加小说的阅读量

图 12-4　使用 Sora 做 AI 视频小说的相关分析

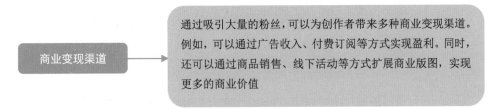

商业变现渠道 → 通过吸引大量的粉丝，可以为创作者带来多种商业变现渠道。例如，可以通过广告收入、付费订阅等方式实现盈利。同时，还可以通过商品销售、线下活动等方式扩展商业版图，实现更多的商业价值

图 12-4 使用 Sora 做 AI 视频小说的相关分析（续）

12.9 通过影片比赛获奖实现收益

利用 Sora 制作微电影并参加短片比赛是一种多元化的盈利方式，通过获得奖金和奖品、提升知名度、获取商业机会、版权收益等途径，可以为创作者带来经济收益和商业机会，实现微电影作品的双赢局面。

下面针对这一盈利方式展开详细的介绍，如图 12-5 所示。

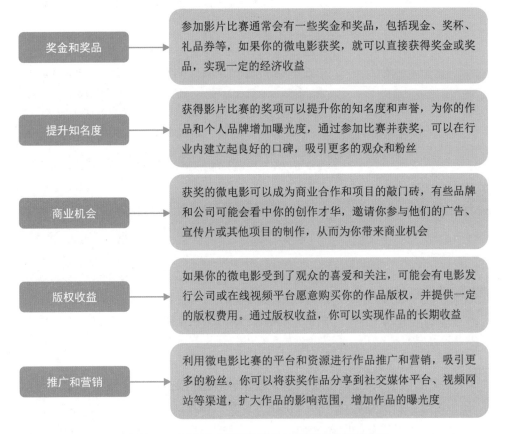

奖金和奖品 → 参加影片比赛通常会有一些奖金和奖品，包括现金、奖杯、礼品券等，如果你的微电影获奖，就可以直接获得奖金或奖品，实现一定的经济收益

提升知名度 → 获得影片比赛的奖项可以提升你的知名度和声誉，为你的作品和个人品牌增加曝光度，通过参加比赛并获奖，可以在行业内建立起良好的口碑，吸引更多的观众和粉丝

商业机会 → 获奖的微电影可以成为商业合作和项目的敲门砖，有些品牌和公司可能会看中你的创作才华，邀请你参与他们的广告、宣传片或其他项目的制作，从而为你带来商业机会

版权收益 → 如果你的微电影受到了观众的喜爱和关注，可能会有电影发行公司或在线视频平台愿意购买你的作品版权，并提供一定的版权费用。通过版权收益，你可以实现作品的长期收益

推广和营销 → 利用微电影比赛的平台和资源进行作品推广和营销，吸引更多的粉丝。你可以将获奖作品分享到社交媒体平台、视频网站等渠道，扩大作品的影响范围，增加作品的曝光度

图 12-5 制作微电影进行短片比赛获奖的相关分析

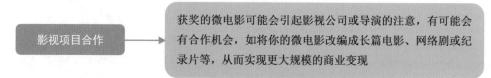

| 影视项目合作 | 获奖的微电影可能会引起影视公司或导演的注意，有可能会有合作机会，如将你的微电影改编成长篇电影、网络剧或纪录片等，从而实现更大规模的商业变现 |

图12-5　制作微电影进行短片比赛获奖的相关分析（续）

12.10　通过产品宣传视频实现收益

利用 Sora 制作电商产品演示视频进行盈利的方式，主要针对企业在电商领域的应用。图12-6是对这一内容的详细介绍。

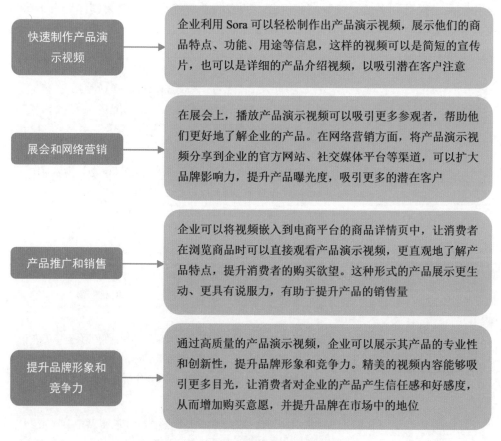

快速制作产品演示视频	企业利用 Sora 可以轻松制作出产品演示视频，展示他们的商品特点、功能、用途等信息，这样的视频可以是简短的宣传片，也可以是详细的产品介绍视频，以吸引潜在客户注意
展会和网络营销	在展会上，播放产品演示视频可以吸引更多参观者，帮助他们更好地了解企业的产品。在网络营销方面，将产品演示视频分享到企业的官方网站、社交媒体平台等渠道，可以扩大品牌影响力，提升产品曝光度，吸引更多的潜在客户
产品推广和销售	企业可以将视频嵌入到电商平台的商品详情页中，让消费者在浏览商品时可以直接观看产品演示视频，更直观地了解产品特点，提升消费者的购买欲望。这种形式的产品展示更生动、更具有说服力，有助于提升产品的销售量
提升品牌形象和竞争力	通过高质量的产品演示视频，企业可以展示其产品的专业性和创新性，提升品牌形象和竞争力。精美的视频内容能够吸引更多目光，让消费者对企业的产品产生信任感和好感度，从而增加购买意愿，并提升品牌在市场中的地位

图12-6　制作产品宣传视频的相关分析

综上所述，利用 Sora 制作产品演示视频是一种快速、高效、有效的盈利方式，能够帮助企业提升产品的曝光度和销量，同时提升品牌形象和竞争力。企业可以将 Sora 作为营销工具，灵活运用于电商平台、展会、网络营销等多个方面，为产品推广和销售带来更好的效果。

12.11　展示 Sora 视频进行推广销售

利用直播进行售卖是一种有效的盈利方式，尤其是对于那些没有产品制作能力，但具有良好的推广能力的人来说。通过展示 Sora 生成的短视频作品，进行产品推广和销售，可以实现双方的利益最大化，为主播带来收益和合作机会。

图 12-7 针对这一盈利方式展开详细的介绍。

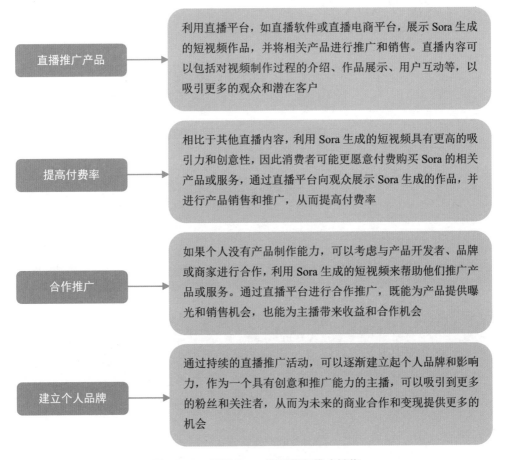

图 12-7　展示 Sora 视频进行推广销售

本章小结

本章主要介绍了通过 Sora 实现财富增长的 11 种方式，如利用 Sora 实现知识付费、出版 Sora 相关的专业图书、制作 AI 短视频进行盈利、出售 Sora 账号进行盈利、出售视频提示词进行盈利、通过自媒体账号实现收益、做视频小说实现商业收益、通过产品宣传视频实现收益等。通过对本章内容的学习，读者可以全面掌握通过 Sora 实现商业收益的多种方式。

课后习题

鉴于本章知识的重要性，为了让大家能够更好地掌握所学知识，下面将通过课后习题进行简单的知识回顾和补充。

（1）请简述如何利用 Sora 实现知识付费。

（2）请简述通过出售视频提示词进行盈利的方法。

课后习题 1   课后习题 2

第 13 章　7 种盈利，让赚钱变得越来越简单

学习提示

　　通过 Sora 制作 AI 短视频，除了优质的内容可以实现收益外，短视频还可以进行多种方式的盈利，来获取更多的收益和用户的关注。本章主要以各种渠道的短视频广告投放为例，来讲述如何进行 AI 短视频推广盈利，帮助大家更好地了解 AI 短视频的盈利渠道，积累更多的财富。

13.1 通过短视频贴片广告进行盈利

贴片广告是一种常见的网络广告形式，通常在在线视频内容中出现，它们是一种视频广告，会在视频播放过程中的某个时间点（如视频开始、中间或结束时）覆盖在视频内容上方或下方，类似于电视广播中的贴片广告。贴片广告通常以短视频的形式呈现，其长度可以从几秒钟到一分钟不等。

贴片广告可以分为几种类型，包括前贴片广告（pre-roll ads）、中贴片广告（mid-roll ads）和后贴片广告（post-roll ads）。前贴片广告会在视频开始播放之前出现，中贴片广告会在视频播放中间某个时间点出现，而后贴片广告则会在视频结束后出现，这些广告通常是按点击、曝光或完成播放等指标进行计费的。

贴片广告是网络视频内容创作者常用的一种盈利方式，也是许多品牌进行在线营销的重要手段之一，因为它们可以在观众观看视频时引导他们关注特定产品或服务。可以通过 Sora 制作出优质的 AI 短视频，然后在短视频中插入贴片广告来实现收益，具体操作步骤如图 13-1 所示。

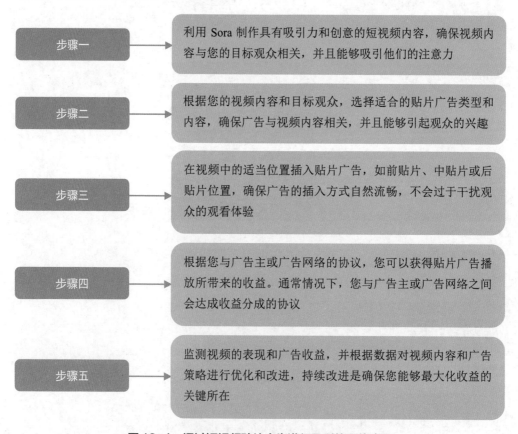

图 13-1 通过短视频贴片广告进行盈利的具体步骤

13.2 通过短视频植入广告进行盈利

植入广告（Product Placement）是一种在媒体内容中巧妙地嵌入品牌或产品的广告形式。与传统广告不同，植入广告并不是在节目或影片中间插入的独立广告片，而是将品牌或产品自然地融入内容中，使其成为故事的一部分或者情节的一部分。

在 Sora 的 AI 短视频中植入广告，即把短视频内容与广告结合起来，一般有两种形式：一种是硬性植入，不加任何修饰、硬生生地植入视频之中；另一种是创意植入，即将短视频的内容、情节很好地与广告的理念融合在一起，不露痕迹，让用户不容易察觉。相比较而言，很多人认为第二种创意植入的方式效果更好，而且接受程度更高。植入广告的优势在于它能够在不打断观众观看体验的情况下，有效地传达品牌信息，并增强品牌的曝光度和认知度。由于植入广告更加融入内容，因此观众更容易接受和记住这些品牌或产品。

在短视频领域中，广告植入的方式除了可以从"硬"广和"软"广的角度划分外，还可以分为台词植入、剧情植入、场景植入、道具植入以及奖品植入等植入方式，具体介绍如图 13-2 所示。

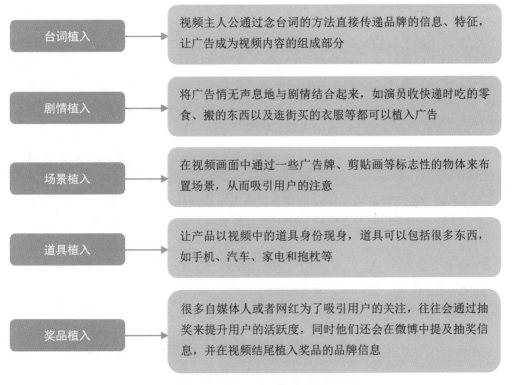

图 13-2 短视频广告植入的方式

13.3 通过短视频品牌广告进行盈利

品牌广告的意思就是以品牌为中心，为品牌和企业打造量身定做的专属广告，旨在提升品牌认知度、塑造品牌形象，并促使消费者与品牌建立情感联系。与直接推销产品或服务的广告不同，品牌广告更侧重于传达品牌的核心价值观、文化、愿景和品牌个性，以及品牌与目标受众之间的共鸣。

Sora作为一款高质量的AI视频生成模型，可以将文本描述转化为栩栩如生、充满创意的视频内容，非常适合制作短视频品牌广告，具体步骤如下。

❶ 确定品牌广告的目标和受众。确定品牌广告的目标，如增加品牌认知度、促进产品销售或提升品牌形象，然后确定目标受众群体，以确保广告内容能够针对他们的需求和兴趣。

❷ 撰写广告文案。根据品牌广告的目标和受众群体，撰写吸引人的广告文案，还可以通过ChatGPT生成需要的文案内容，这些文案应该突出品牌的独特特点、核心价值和优势，同时能够吸引受众的注意力。

❸ 利用Sora制作视频内容。将撰写好的广告文案输入到Sora中，利用其先进的生成式AI技术，将文本描述转化为高质量的视频内容，确保视频内容与品牌形象和广告文案保持一致，同时具有吸引力和创意性。

❹ 嵌入品牌标识和信息。在视频中嵌入品牌的标识、产品信息或网站链接等关键信息，以便观众可以轻松地识别品牌并获取更多信息。

❺ 发布和推广。将制作好的短视频品牌广告发布到适当的平台上，如社交媒体、视频网站或广告网络等，通过有针对性的广告推广活动，确保广告能够被目标受众广泛地看到，以提高广告的效果和收益。

13.4 通过短视频冠名商广告进行盈利

冠名商广告，顾名思义，就是在节目内容中提到商家名称的广告，这种打广告的方式比较直接，相对而言比较生硬，主要的表现形式有3种，如图13-3所示。

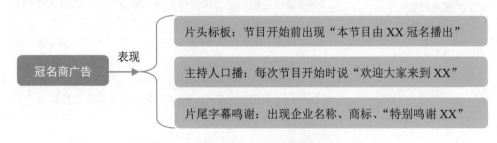

图 13-3 冠名商广告的主要表现形式

在短视频中，冠名商广告也比较活跃，一方面企业可以通过资深的自媒体人（"网红"）发布的短视频打响品牌、树立形象，吸引更多忠实用户；另一方面短视频平台和自媒体人（"网红"）可以从广告商方面得到赞助，双方成功实现盈利。

通过在 Sora 生成的 AI 视频中嵌入冠名商的品牌标识、名称或其他关键信息，以便观众可以轻松地识别品牌并获取更多信息，通过有针对性的广告推广活动，确保视频广告能够被目标受众广泛地看到。

13.5　通过短视频浮窗广告进行盈利

浮窗广告也是短视频广告盈利形式的一种，即视频在播放过程中悬挂在视频画面角落里的标识，这种形式在电视节目中可以经常见到，如今打开任何一部电视节目，几乎都可以看到浮窗广告的存在。

可以通过 Sora 制作出优质的短视频内容，然后需要与网页或应用程序的设计相匹配，来实现浮窗广告效果，以确保广告在网页或应用程序中正确显示和工作。

浮窗广告通常具有图 13-4 所示特点。

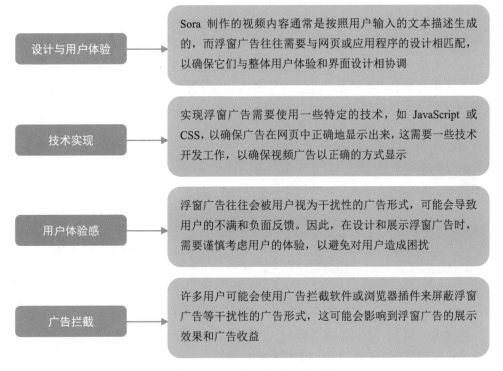

图 13-4　浮窗广告的 4 个特点

13.6　通过在地铁中发布广告进行盈利

在城市交通工具中，地铁无疑是比较受大家欢迎的——乘地铁成为节约时间和避免堵车的最佳交通方式之一。而在乘坐地铁的人群中，以上班族和商务人员居多。

基于此，很多广告主都选择了地铁进行短视频推广。

对广告主来说，利用地铁广告位进行短视频推广主要具有两个方面的优势，具体如图 13-5 所示。

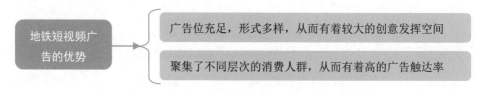

图 13-5　地铁短视频广告的优势

利用 Sora 可以轻松制作出短视频广告在地铁中进行宣传与推广，只是运营者要注意人群的区域化和精准化。不同地区的地铁，其短视频广告内容应该具有差异性。例如，湖南特产"黑色经典"臭豆腐的短视频广告，其选择的目的地就是长沙地铁，具有明显的地域性。

13.7　通过在电梯中发布广告进行盈利

社区电梯广告是指在住宅小区或商业大楼的电梯内或电梯厅等位置展示的广告形式，这种广告形式常见于公寓楼、写字楼、商场等地方的电梯内外，通过屏幕播放等方式展示广告内容。

电梯中是推广短视频的一个重要场景，当然也是一个颇具优势的推广盈利方式，用户可以使用 Sora 制作出电梯推广类的短视频效果。虽然这种短视频广告具有资源有限且费用较高的劣势，但是因为精准的社区用户资源优势，让一些企业纷纷投入了其中。关于社区电梯广告的优势，具体分析如图 13-6 所示。

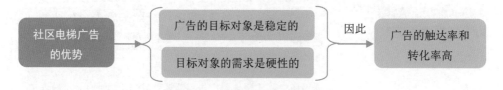

图 13-6　社区电梯广告的优势

社区电梯属于一个封闭式的空间，待在电梯中，手机信号也不怎么好，当一个人乘坐电梯觉得很无聊时，就会看到电梯里的短视频，这种社区电梯的推广方式不仅可以解闷，还可以有效地推广品牌产品，是一个两全其美的推广方式。

本章小结

短视频广告盈利是目前短视频领域最常用的商业盈利模式，本章主要介绍了 7 种短视频广告盈利的方式，如通过贴片广告、植入广告、品牌广告、冠名商广告、浮窗广告等方式进行盈利，让 Sora 的 AI 短视频的盈利变得更简单。

课后习题

鉴于本章知识的重要性，为了让大家能够更好地掌握所学知识，下面将通过课后习题进行简单的知识回顾和补充。

（1）请简述如何通过短视频贴片广告进行盈利。

（2）请简述如何通过短视频品牌广告进行盈利。

课后习题 1　　　　课后习题 2